U0829023

室内课程设计与毕业设计指导丛书

现代商场室内设计

辛艺峰　编著

中国建筑工业出版社

图书在版编目（CIP）数据

现代商场室内设计/辛艺峰编著. —北京：中国建筑工业出版社，2011.2
室内课程设计与毕业设计指导丛书
ISBN 978-7-112-12835-8

Ⅰ.①现… Ⅱ.①辛… Ⅲ.①商店-室内设计 Ⅳ.①TU247.2

中国版本图书馆CIP数据核字（2010）第264843号

本书紧扣当前商业空间室内环境设计的最新观念和研究方法，从基本理论和设计实践两个方面进行了系统地阐述，主要内容包括：商业空间设计的特点与定位、经营规模与形式、设计的原则与方法；空间布局、界面装修、展示陈设、门面设计及导向设计；营销空间、交通空间、展示空间、服务空间及休闲空间设计；优秀商场室内案例选编及课程设计等。

本书可作为高等院校室内设计、建筑学、环境艺术设计、建筑装饰等专业的教学用书及参考书，也可供相关工程技术人员学习、参考。

责任编辑：王玉容
责任设计：赵明霞
责任校对：姜小莲 陈晶晶

室内课程设计与毕业设计指导丛书
现代商场室内设计
辛艺峰 编著
*
中国建筑工业出版社出版、发行（北京西郊百万庄）
各地新华书店、建筑书店经销
北京嘉泰利德公司制版
北京云浩印刷有限责任公司印刷
*
开本：880×1230毫米 1/16 印张：9¾ 字数：290千字
2011年9月第一版 2011年9月第一次印刷
定价：36.00元
ISBN 978-7-112-12835-8
(20079)

序

这是一套面向本专科学生和年轻设计师的教学参考书，主要用于课程设计和毕业设计，也可供读者自学。

“室内设计”是一个理论性和实践性都很强的学科和专业。没有深厚的理论基础，没有广博的知识，很难创作出有新意、有特色的好作品；没有丰富的实践经验和熟练的技能技巧，则难以使好的创意转化为完整的设计文件。为此，为本专科学生和年轻的设计师提供一些兼有理论、知识并能指导设计实践的参考书是一件值得肯定的好事。

由每本书的目录可知，其内容大体上都是由四部分组成的。一是专业知识；二是相关资料与规范；三是施工图选编；四是佳作欣赏。这种相对完整的组合，有利于读者自学，更有利于在课程设计和毕业设计中找到一些启示、资料和参照物。

这套丛书是按专题（即建筑类型）编写的，针对性强，实用性强，对培养学生的思考能力和动手能力会有较大的帮助。

综观初稿和上述看法，可以把这套书的主要特点概括如下：

一是理念上，理论与实践相结合；

二是内容上，知识、资料和参考文件相结合；

三是形式上，图文并茂，文字、线条图与照片相结合。

希望这套丛书能够对“室内设计”的教学，特别是课程设计和毕业设计带来方便。

这套丛书的编著者都是教学一线的教师，希望他们能听取各方意见，以便通过修订使丛书更加完善与成熟。

霍维国

2009 年 12 月

前　言

商场是人们用来进行商品交换和商品流通的公共空间环境。它是现代城市的重要组成部分，也是展示现代城市商业文化、城市风貌与特色的重要场所。今天，商场的形态和意义已不再局限于一个购销商品的空间领域，它已扩展到现代都市人们物质与精神交流、观赏、休息、娱乐的各个生活层面，成为现代商业文化在都市生活中的一种综合反映。

纵观我们的商品世界，众多的商品琳琅满目，应该有一个良好的购物环境来陈列与置放，以体现商品应有的价值，并便于人们选购。这里所说的购物环境，即指商场内外的空间环境。而在人们的日常生活中，衣食住行用玩等活动都脱离不了商业行为的范畴。今天生活在都市中的人们，不仅在生活上已无形融合于各类商业活动之中，而在行动上更是离不开各种档次商业空间的诱惑。由此可以看出，现代城市的消费者们，对商业环境的要求早就不满足于昨日“物质上的获得”这个层次，进而要求今天更高层次的“精神上的满足”。这也促使商业活动在整体消费环境的冲击下，向着更高的水平迈进。因此，在今天商场内外环境艺术设计工作已成为一项具有挑战性和前瞻性的设计工作，正是这样，我们对其展开研究与探索，也就具有现实意义和广泛的应用价值。

《现代商场室内设计》一书是属于建筑内外环境分类设计方面的研究性著述和教学参考书籍，较同类设计书籍与教材的编撰来说具有更强的专业性。本书是笔者从事商业建筑内外环境设计专业课程近20年教学以来，在已完成普通高等教育“十一五”国家级教材规划《商业建筑室内环境艺术设计》一书的基础上，从具体教学实践应用的视角出发，重新拟定编著框架所完成的著述，其撰写特点主要表现在以下几个方面：

一是将商场室内环境设计理论与实践紧密结合。本书立足于对20世纪90年代以来我国实行社会主义市场体制以来带来的商业繁荣景象，结合商场室内环境设计发展的最新学科动向和设计时尚对国内设计实践的影响，详细地介绍了商场室内环境设计的意义与特点、基本理论与设计要点，以及商场室内空间部分的设计原理和方法等内容，并对商场室内环境的相关资料与设计规范等进行了深入的分析和阐述。

二是采用“案例式”教学的编著框架。本书在商场室内环境设计原理和方法的叙述中，尝试采用“案例式”教学的方式，将商场室内环境设计的典型案例与原理和方法的叙述有机融合，使设计教学的创造性、发展性、激励性、和谐性等特征能够通过启发的方式来体现，直至形成新的编著框架，以推动设计教学过程中对学生创造能力的培养。

三是汇编了商场室内环境设计所需的相关资料与设计规范。本书针对商场室内环境设计的实际需要在书后附有《商业建筑设计规范》，以便于读者查阅和在设计应用实践中参考。

四是配有大量设计详图及优秀作品实例。本书在设计实践方面选择不同商场室内设计案例来剖析，书中配有大量商场室内环境工程设计详图及国内外优秀设计作品实例，以供相关读者在设计中可以作为设计实践方面的借鉴案例。

综上所述，本书作为建筑内外环境分类设计方面的著述，配有大量国内外近年来完成的商业建筑内外环境设计图片，其中许多设计实景图片是十余年来由作者亲自拍摄的，具有第一手资料的特点。

本书在编著过程中，由我的研究生负责了书中部分章节设计配图的绘制工作，其中2010级研究生谢蓓完成了第四章案例1、2、7及第五章中课程设计作业案例二的绘制工作；2010级研究生梁晓完成了第二、三章与附录部分配图及第四章案例3的绘制工作；2010级研究生陈珊珊完成了第四章案例4、5、6的绘制工作；2010级研究生熊英完成了第四章案例8的绘制工作；2010级研究生王思萌完成了第五章中课程设计作业案例一的绘制工作；此外，2009级研究生陈可欣、杨润等同学也参加了本书设计配图的绘制与组织工作，在此一并致以感谢。

从商场室内环境环境设计的研究来看，国内目前尚处于起步阶段，其设计研究成果相对较少，从而使本书编写过程中可供借鉴的资料有限，本书在编著中难免会存在一些不足之处，诚望读者及同行们能给予批评和指正。另在本书中也引用了一些相关书籍中的资料和图片，并尽可能在参考文献中列出，也可能还会存在遗漏，在此即予以说明并致以深深的谢意！

辛艺峰

2010年7月于武汉华中科技大学

目 录

第一章　商场室内设计概论

伴随着我国社会经济的高速发展，人民生活水平的不断提高，以及我国城市化建设步伐的加快，也促使与人们生活密切相关的商业购物空间在近年来以崭新的面貌出现。作为现代城市建筑群体中的有机组成部分，商场购物空间已经成为展示现代城市风貌和形象的重要因素（图 1–1）。在今天表现出来的形态和意义已不再局限于一个购销商品的空间领域，而扩展到现代都市人们物质与精神交流、观赏、休息、娱乐的各个生活层面。正是为适应这种变化，种类繁多的商场营销环境已成为现代城市文化中的一个重要组成部分。

第一节　商场的意义与发展

一、商场的意义

所谓商场，是由聚集在一起或相连的几个建筑物内的各种商店组成的市场。主要包括较大规

图 1–1　位于武汉市光谷广场附近的商业建筑群，已经成为武汉中国光谷城市商业景观的名片，也是商业文化在现代城市生活中的一种综合反映

（a）

（b）

图 1–2　现代商场的内外环境

（a）北京市百货商店建筑外观；（b）武汉销品茂沃尔玛自选市场室内环境

模的商店。如：百货商店、自选商场、综合商场，以及提供多种经营模式，经营种类较多，能够聚集多种货物的大型商业销售店面（图 1–2）。

由于历史和地域因素的影响，世界各国对商场的定义也各有不同。在美国，商场是指销售几条产品线的生活日用品的营销空间；德国认为，商场的销售面积应超过 $3000m^2$；法国认为，商场是指在一个建筑物内能提供几乎所有商品；英国认为，商场至少雇用 25 人；日本认为，商场的从业人员要超过 50 人；在中国则认为商场是以销售日用工业品为主的营销环境。

然而，无论其间的差别如何，我们认为，商场是指经营商品丰富、规模宏大、服务多样、一次可购买、挑选多种商品的商业营销空间。简而言之，商场实际上就是以销售日用商品为主的规模较大的商品零售“店铺”。其规模从几百平方米到上万平方米不等，分为小型、中型与大型商场。这类商店除营业大厅外，还配备有仓库、管理、加工等用房。商场可说是伴随着工业革命的产生而出现，它的出现被称为零售商业的第一次大革命。

二、商场的发展

19 世纪中叶，在资本主义制度首先确立起来的英、法等国爆发了工业革命，机械文明的进步不仅使社会化大生产成为可能。剩余产品的大量涌现，也改变了人们的生活方式。商业活动也空前地繁荣起来，形形色色的商店相继涌现，各种商店的商品琳琅满目，商品零售由店铺形态进入商场形态。商场成为商场形态典型代表，并且至今成为商品零售业的重要组织形式。

世界上第一家商场是 1852 年由商场之父——阿里斯蒂德 · 布西科与人合伙在巴黎创办的博马尔谢商店，实行了一套全新的经营策略。

博马尔谢商场建立后，立刻获得了成功，营业额 1852 年为 45 万法郎，1863 年为 700 万法郎，1877 年为 6700 万法郎。紧接着巴黎相继出现了卢浮百货商店（1855 年）、市府百货商店 （1856 年）、春天百货商店（1865 年）、撒马利亚百货商店（1869 年）、拉法耶特百货商店（1894 年）。美国、英国和德国涌现出一批仿效者，一时间百货商店风靡全世界。如 1894 年在法国巴黎兴建的老佛爷百货公司（图 1–3），即由一对来自法国阿尔萨斯地区的表兄弟创办。这家原本专营女士时髦用品的商店在五年内扩大了五倍，并在此后近一个世纪的时间里成长为欧洲最大的集团公司之一，旗下拥有多家老佛爷商店、BHV 百货店、Monoprix 连锁超市，以及信用卡公司、电脑管理公司等等，并成为法国上市公司中的佼佼者。

商场至今已走过了 160 多年的漫长历程，大体经历了 4 个阶段：

1. 创办期（1852~1880 年）：

这个时期商场处于试验和探索阶段，许多经营方法远未定型，促销手段比较简单，组织形式单一。

（*a*）

（*b*）

图 1–3　法国巴黎老佛爷百货公司

（*a*）建筑外观；（*b*）室内环境

2. 发展期（1880~1914 年）：

这个时期，商场的营业额迅速增加，坚持实行薄利多销策略，毛利率限定在 14%~20% 之间。经营的商品以日常用品为主，并开始注重店堂布置和商品展示。

3. 成熟期（1914~1950 年）：

这期间，经历了两次世界大战和 1929 年至 1933 年的世界性经济危机，许多新的零售商业形式开始出现，如连锁商店、杂货商店等。商场面临威胁，但仍保持着优势地位。其采取的主要措施是：增加向顾客提供的服务。商场实行集中购买，开办各种分店和特许经营店。

4. 衰落期（1950 年 ~ ）：

这期间，商场之间竞争激烈，其他零售形式也蚕食着商场的地盘，廉价商店、专业商店、超级市场势如破竹，使商场面临着困境。一些商场的销售面积越来越小，也有的不得不关门倒闭。在这个演化过程中：价格由低价走向高价；顾客由普通百姓走向中产阶级；商品由日用品走向高中档品；服务由单一走向多元；柜台由封闭走向敞开；经营由自营走向兼有出租柜台。

中国商场出现在 1894 年中日甲午战争后，一些杂货店兼营洋货；逐渐演变为主要经营洋货的杂货店。经营的主要是纺织品、针织品和日用百货等日用工业品。店面装饰上开始用玻璃柜，货架陈列讲究清新悦目，并采用广告宣传。这就是我国商场的雏形。

20 世纪初，在广州、上海产生了商场。在广州，1907 年光高公司开业，首创分柜售货。1900 年哈尔滨秋林公司创建，先后由沙俄资本家、英国汇丰银行、日本商人、和前苏联政府经营。1918 年华侨郭乐兄弟在上海开办永安公司开业后，其营业面积超过了 1 万 m^2，装修得富丽堂皇，共设有近 20 个商品部，花色品种达 1 万多种，售货员达 400 余人（图 1–4）。

（*a*）

（*b*）

图 1–4　20 世纪初，在广州、哈尔滨、上海等地产生的百货商店

（*a*）1909 年在哈尔滨兴建的秋林公司；（*b*）1918 年华侨郭乐兄弟在上海开办的永安公司

新中国成立后，商场得到很大发展。建国初期，中国仅有商场48个，1956年就发展到2803个，1986年达到1.7万个，但经济效益不高，资金周转缓慢，并且在较长的时期中商场一直维持着传统的经营形式。直到步入20世纪90年代，在西方日益衰落的商场，突然间在中国却又火爆起来。随着外资渗入，装修更新，开架售货的经营形式才逐渐形成（图1–5）。

（*a*）（*b*）（*c*）（*d*）

图1–5　新中国成立后商场的发展

（*a*）20世纪50年代建成的昆明近日百货商店；（*b*）20世纪80年代初期重新改造的武汉商场；（*c*）20世纪80年代末期建成开业的天津商场；（*d*）20世纪90年代建成的南京新百商场

第二节　设计的特点与定位

一、设计的特点

商场之所以称为零售业的第一次革命，是因为它与传统的小型店铺相比，在商品营销过程中有其自身的许多特点：

（1）经营商品繁多，营业面积扩大，建筑富丽堂皇；

（2）顾客自由出入，不一定要购买商品；

（3）商品明码实价，一改讨价还价的方式；

（4）商品退换自由，且薄利多销。

也正是商场的经营策略与特点体现了对顾客的尊重和爱护，且符合顾客的购物需求，从而很快发展起来，成为风靡全世界零售商业的一种重要经营形式（图1–6）。

图 1–6　商场是零售商业的一种重要经营形式

二、市场的定位

不同类型的营销环境，其装饰设计的市场定位也就不同，它们具体可以划分为下列类型：

1. 城市中心商业区型

主要指那些位于城市中心繁华区域内的商业环境。由于地处城市商业的中心，以其交通便利、店铺林立、故在这一地段开设商业环境多要求其具有精品、高档商品营销环境的视觉感受。每个大城市都有城市中心商业区。那里店铺林立，精品荟萃，构成一定规模的纯粹性商业街区。诸如北京的王府井、西单北大街、上海的南京路、武汉市江汉路、广州的北京路等（图 1–7）。

2. 区域中心商业区型

主要指分布于城市区域中心与交通便利地段内的中小型零售商场室内环境。这类商业环境同前者相比，在经营规模、数量与繁华程度上均略为逊色，故在这一地段开设的商业环境多形成网群，并以满足区域中市民生活的需要为目的。对于连锁型专业店，假如设于同一城市中，最好选择区域中心商业区。这样，既可以节省资金，又便于管理（图 1–8）。

3. 居住中心商业区型

主要指遍布城市居住小区与邻近街巷的商业环境。这些地段是城市居民聚居的地方，故在这些地方开设的中小型商业环境多以满足居住小区内的居民日常生活的购物需要，从而具有鲜明的生活特点。其营销环境装饰设计定位也应该是面向小区服务的。

图 1–7　城市中心商业区型——位于武汉市江汉路上的市中心百货商场与深圳市罗湖商业区的地王大厦购物商场均属于城市中心最繁华的商业区域

图 1-8　区域中心商业区型——位于北京市中关村的百货商场与武汉市街道口的武商亚贸广场均属于区域中心服务的商业网群

因此，在居住中心区最好开设食品店、杂货店、花店、水果店、蔬菜店等，家家都需要它们经营的商品，虽然辐射区域不大，但前来购物的顾客仍很多。对高档专业店来说，如果开设在居民区就容易失败。因为人们在购买高档时髦商品时，总习惯多跑几家商店，对款式、价格等进行比较和选择，而且一般都去中心商业区选购（图 1-9）。

图 1-9　居住中心商业区型——位于上海市四平路上的华联超市与武汉市汤逊湖高校住区的商业网点均属于为邻近居住小区服务的商业环境

第三节　经营的规模与形式

一、经营的规模

商场室内环境的规模，因其营销空间的类型不同及各个国家与地区的差别而异，以零售型商业营销空间为例，通常可划分为以下这样五类，即：

微型（十平方米以内）：如商场室内环境中的专柜、销售摊点等；

小型（数十平方米）：如商场室内环境中的个体店、专卖店等；

中型（数百平方米）：如专业市场、百货商店等；

大型（数千平方米）：如商场等；

巨型（数万平方米）：如大型购物中心、商业城等。

我国根据商场室内环境的具体情况，在规模上主要将其划分为大、中、小型三类，其中大型商场室内环境的建筑面积是指大于 15000m² 的商业经营空间；中型商场室内环境的建筑面积是 3000~15000m² 之间的商业经营空间；而小型商场室内环境的建筑面积是指小于 3000m² 的商业经营空间；并且不同类型的商场室内营销空间的建设规模，因种类各异，其建设标准也各不相同。

二、经营的形式

商场内部空间中的营销的形式与整个社会的生产、经济以及人们的收入水平和观念等紧密联系，通常分为封闭式和开敞式。在开敞式中又分为全开敞式和半开敞式。全开敞式和半开敞式较之于封闭式经营方式更重视商品的陈列展示，同时也促进了商品的销售。

1. 封闭式

封闭式营销空间是指房间四周都由墙体承托顶棚（即使墙面有窗或门）。在商场内部空间中，常用柜台将顾客与营业员分开，商品通过营业员转交给顾客，利于对商品的管理，但不利于顾客挑选商品，是传统的售货方式。营业员工作空间较独立。采用这种售货方式的商店营业厅常用大厅式布置，柜台应保持足够的长度。对于贵重或不宜由顾客直接选取的商品如首饰、药品、手表等常采用这种营销方式（图 1–10）。

2. 半开敞式

半封闭营销空间是指房间的一面墙有较大的窗子，或开有较大门洞，或一面由橱窗门面组成的墙，而不是用实墙封死，使它与相邻房间在视觉上有相连的空间。其虽然密封性不及封闭空间，但给人以开放、富于变化的感觉。在商场内部空间中，按商品的系列、种类由柜架或隔断围合成带有出入口的独立小空间，以一个出入口的口袋式布局或一进一出两个出入口的通过式布局为常见，其开口处紧邻通道。一般沿营业厅周边布置形成连续的相对独立的单元空间。各单元应既有独特性又有统一性。在这样的小空间中商品柜台与货架同时对顾客开放，但通常是顾客选中商品后，由营业员按种类、规格、型号提供顾客相应的商品。营业员工作空间与顾客使用空间穿插交融（图 1–11）。

图 1–10　珠宝、首饰、药品和手表等常采用封闭式营销方式

图 1–11　半开敞式营销方式多用于文具、书籍与食品自选市场的经营

3. 开敞式

开敞式营销空间是与周围相邻房间分隔较少而联通较多的房间，或者大房间中某一块。这种房间室内外空间流通，与相邻房间也空间流通。在商场内部空间中，指商场内部营销空间中商品柜台与货架合二为一，顾客可随意挑选商品。营业员工作空间基本让位于顾客使用空间，最大限度地增加了顾客与商品接触的机会，符合顾客心理，便于顾客挑选商品，节省了购物时间。顾客常会因遇到好的商品，感官、意识受到触动而冲动购物。

它适宜于挑选性强，对商品细部及质感有特殊要求的商品如服装、鞋帽等。常用于超级市场以及大厅开放式的布置。视觉上可一览无余，具

图 1-12　开敞式营销方式是商场内部经营环境中应用最广的空间布局形式

图 1-13　从功能上把握好商场营销环境的设计，是创造良好商业空间环境的首要条件

有强烈的采购诱惑力。但不便于商品的管理，且空间不易分隔，会有变化少，缺乏情趣的不足之处（图 1-12）。

第四节　设计的原则与方法

一、设计的原则

1. 功能性原则

即商场内外环境设计首先应以创造良好的商场室内环境为宗旨，把满足人们在营销环境中进行购物、观赏、休息及享受商业的多种服务作为设计的要点，并使商场室内环境能够达到舒适化与科学化。为此，在设计中除需要妥善地处理好其营销环境的比例、尺度与组合关系外，还需考虑商业营销活动的时代特征及顾客的购物心理与行为，以及现代购物环境功能上的变化，并能根据不同的营销环境进行功能布局、流线安排、空间组合、界面处理、陈设道具的配置与设备的安排，和谐地配置商场室内环境的色彩，合理组织、使用装饰材料，解决好室内通风、采光、照明等技术问题，以适应商场室内环境功能上的多种需求（图 1-13）。

2. 精神性原则

随着商场室内环境由经济主导型向着生活环境主导型的过渡，人们在获得物质生活满足的同时，也必然期望能在精神方面获得更高层次的享受，而且这种愿望还会随着经济的进一步发展显得越来越迫切。因此，商场室内环境除了满足顾客日益增长的各种物质需求外，还要满足他们休闲、娱乐、社交及审美等方面的精神追求。随着市场竞争的加剧，还要求其营销环境的商品展示陈设设计能显得有鲜明的个性与艺术上的感染力（图 1-14）。

3. 技术性原则

商场室内环境的营造，必须依赖其现有的建筑材料、结构、施工等物质技术手段为基础实现。若要使完美的营销环境设计成为现实，就要根据不同种类商场室内环境的用途与规模，选用恰当

图 1-14　商场营销环境在满足顾客物质需求的基础上，还要满足其休闲、娱乐、交往及审美等方面的精神追求

的建筑材料、结构类型，采用合理的技术措施与相应的施工方法。并尽可能多地应用新材料、新工艺、新结构与新技术，强化新的商场室内环境塑造，利用先进的技术设备可为商场室内环境创造多种层次的舒适条件，诸如通风、交通、信息、照明、电器、安全等设备，让顾客在其商场室内环境中充分地体验到现代科技发展给人们带来的崭新感受（图 1–15）。可见，科技的进步对现代以及未来商业空间内外环境装饰装修设计的发展是能够起到推动与促进作用的。

图 1–15　技术手段是商场塑造良好营销环境的根本保证

二、设计的方法

1. 设计的范畴

商场室内环境设计的范畴，主要包括商业空间的内部环境与外部环境两个部分。其中商业空间的内部环境主要包括营业部分、自选部分、交通部分及辅助部分等设计内容。商业空间的外部环境主要包括建筑外观、入口广场、停车场地及户外设施等设计内容。

商业空间内外环境设计归纳起来有这样一些内容：商业空间内外环境的设计创意、功能布局、动线安排、空间组合、界面处理、色彩选配、采光照明、展示陈列、广告标志、绿化配置、材料选择、设备协调、安全防护、装饰风格与装修做法等等。只是风格、规模、性质、特色各不相同的商业营销空间各有侧重而已。

2. 设计的方法

由于商业空间内外环境装饰装修设计涉及的设计范围较广，因此在设计中我们必须遵循这样的原则，那就是从整体——细部——整体的原则。商业空间内外环境的设计，还必须注意到从整体上去传达商业的经营观念、企业形象、服务水准，并要顾及到大众的审美情趣与设计的功能性、精神性及技术性原则，使设计富有时代精神与文化意蕴。

三、设计的步骤

在现代信息化社会，顾客的购物心理与行为均发生了很大的变化，顾客的购物方式也出现了多元化、个性化和情感化的倾向。在这种情况下，商家的信誉和形象愈来愈得到顾客的关注，要求商场室内环境作为购物的空间场所能够起到广告信息媒体的作用，并能成为表达企业形象、传递商品信息和体现经营实力的象征。正是由于顾客对商场室内环境的设计提出了这样的要求，为此，商场室内的设计，其设计步骤需要分为策划、计划、构思与设计四个阶段来进行，它们分别为：

（一）经营设计策划

商场室内环境的策划经营设计，其目的在于为顾客提供良好的购物环境，从而达到吸引顾客的目的。除了设计师以外，还必须邀请商业金融、经济学、社会学和行为心理学等专业的技术人员共同参与完成。其内容主要包括意象调查、实地了解、资料综合分析等几个方面的工作任务，即：

1. 意象调查

是指对商场室内环境建设单位或甲方的设计要求进行翔实的了解。其内容主要有建筑规模、使用对象、装修档次、功能要求、建设资金、周围环境、设计风格、卫生消防与其他特殊要求，以及设计期限进行摸底。在调查过程中设计人员或乙方要做详细记录，并能将调查内容以“设计任务书”的文件形式固定下来。而调查的方式可多种多样，可同建设单位或甲方有关人员举行联席会议，也可同工程联系人详谈等。

2. 实地了解

就是到商场室内环境建设工地现场调查。其内容主要是了解建设工地周围的地形地貌、建筑周围的环境状况、进而了解建筑的性质、功能、造型、风格与创意，对于特殊使用要求的房间，还要进行具体的调查。同时还需了解土建设计与施工情况，当地建筑装饰材料、设备及用品的规格、质量、加工或供应能力，以及材料的价格并对施工强度作出估计，并形成资料。

3. 资料综合分析

通过意向调查及实地了解，对所收集的资料进行分析研究，内容包括：

（1）商场室内环境是否优美、交通是否方便、基础设施和媒体手段是否完备等；

（2）商业气氛是否亲切，如，面积是否宽裕，设备是否完善等；

（3）商场布置是否方便购物，风格造型有无独特之处，能否吸引顾客；

（4）商品的种类是否丰富，产品的质量是否良好，价格是否便宜等；

（5）商业服务是否周到，有无巧妙的促销手段和完善的售后服务制度等。

从上面可以看到，商业经营的特色既包括硬环境，也包括商业服务等软环境。因此要创造经营特色，既要有丰富的商品、完备的服务措施，也要有一个良好的购物场所，才能满足购物者的心理。而设计师必须把商场室内环境设计成个性化和情感化的环境，使人们产生休闲和购物的欲望，而这种休闲和购物的欲望，正是商场室内环境经营设计策划所要达到的重要目的。

（二）制定设计计划

在对商场室内环境进行调查、实地了解、资料综合分析的基础上，应根据甲方提供的资料、文件、建筑图纸、设计合同书等来进行现场踏勘，以了解商业的基本情况。同时还需了解甲方的意图与要求，明确设计的范围及相关范围的投资金额，以及装修材料的供应情况，然后制定出一个完整的设计计划，以为后面进行的设计构思与具体设计提供依据。

（三）进行设计构思

依据制定出来的设计计划对设计文件与调查资料进行分析判断，以对商场室内环境进行从整体到部分再到局部的综合考虑，提出与商场室内环境相呼应的环境设计的创意与构思方案，并向甲方说明与沟通，从而明确具体的设计意向。

在设计构思的过程中，最重要的是要确立商场内外环境将构思的主题，并将其具象化。为了达到这个目的，必须对拟建商场室内环境的状况有深刻的了解，在此基础上寻求设计构思的突破点，提出构思的具体方案，并用设计图纸与文字将其表达出来，以便于后面的深化设计。这个阶段的工作是整个设计的基础和关键。

（四）展开具体设计

在确定的设计创意与构想基础上，对商场室内的功能布局、动线安排、空间组合、界面处理、色彩选配、采光照明、展示陈列、广告标志、绿化配置等做出具体设计，并选定装饰材料与装修作法，处理好与设备系统的协调关系。同时还需解决好商场室内环境空间的安全防护问题，做出工程预算及写出设计说明等工作。这个阶段可分为以下步骤来设计（图 1–16），其中：

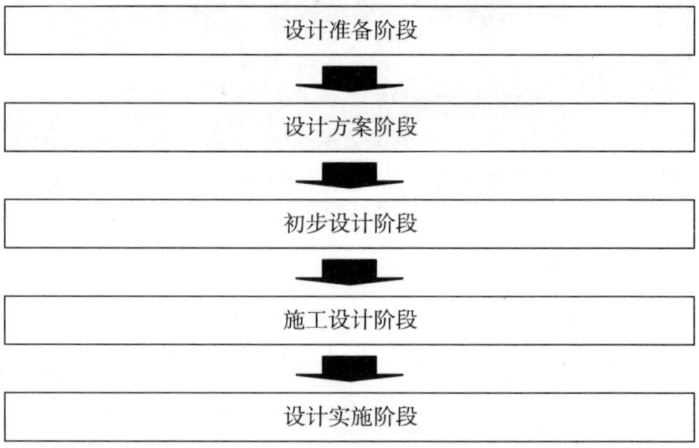

图 1–16　商业建筑室内设计的步骤

1. 初步设计阶段

是在商场室内环境设计方案经过正式审定的基础上，更深入一步的设计工作，其内容主要包括绘制初步设计图纸、撰写初步设计说明、编制初步设计概算三个方面的工作。

（1）绘制初步设计图纸

主要包括商场室内环境设计的平面图、剖立面展开图、顶面图。在这些图中需标明各个部分的水平距离及标高，以及各个部分的装饰材料与装修做法及商场室内环境的色彩配置、照明灯具、家具与陈设饰品的规格、样式、数量、烟感器、应急灯、警铃与喷淋设施的位置等等均需表示清楚。

（2）撰写初步设计说明

主要包括商场室内环境建设单位或甲方名称、工程名称、建筑室内环境设计内容、设计依据、构思立意、功能分区、空间布局、界面设计、装饰风格、家具陈设、装修标准、材料做法、安全防火等技术问题与总的费用。

（3）编制初步设计概算

即根据初步设计的内容，参照国家或地区的概算定额编制整个商场室内环境设计实施所需费用。然后一起提供给建设单位或甲方进行初步设计的正式审定。

2. 施工设计阶段

施工设计阶段是在商场室内环境初步设计审定通过后进行的工程实施详细设计工作。其内容主要包括修改初步设计、与各专业协调、完成设计施工图三个方面的工作。

（1）修改初步设计图纸

是在初步设计再次经商场室内环境建设单位或甲方共同审核，并进一步与水电、通风、空调等配合专业共同研究实施的可行性以后，对初步设计中相关的平面布局、剖立面设计中的尺寸、标高与材料做法等进行调整和修改，使其成为与各专业协调、完成设计施工图的重要依据。

（2）与各相关专业协调

解决商场室内环境设计实施中的技术问题，即完成与各相关专业协调的技术设计。其内容为与各相关专业互相提供资料、提出要求，并共同研究与协调编制拟建工程各相关专业的设计图纸及设计说明书，为各相关专业编制施工图打下基础。各相关专业技术设计的图纸与文件，要求在商场室内环境设计图纸上标明与技术工种有关的详细尺寸，同时编制出商场室内环境部分的技术说明书；结构工种应有商场室内环境结构布置的方案图，并附有初步计算说明；设备工种也应提出相应的设备图纸及说明书。

（3）完成设计施工图

其内容主要包括商场室内环境装饰、家具陈设与电器照明、通风、空调、烟感、喷淋、警铃、广播电视系统的具体做法，包括间距、标高、管线、灯具、风口、烟感、广播电视、应急灯具的具体数量与位置、标高。对于灯具、烟感、风口与吊顶、墙身、固定家具等都要画出大样详图，标明其连接与构造做法。商场室内环境的展示陈设道具除有完整的设计图纸外，还要标明道具的形式、油漆或面料颜色、尺寸大小。对于要单独加工的商品展示陈设道具，还要绘制加工制作详图（包括所用材料及构造做法）。设计施工图完成之后，需与各相关专业互相校对，经审核无误后才能成为正式施工图。同时根据正式施工图的设计内容，参照预算定额编制设计预算。而且在工程开工前，在建设单位或甲方组织下，依据设计施工图向有关施工单位进行设计交底，说明其设计意图、构造做法、所用材料与施工质量的要求等问题。

整个商场室内环境具体设计工作完成后，设计师还需向从事工程施工的有关人员进行施工技术交底。至此，设计阶段的工作即告结束。

为保证工程能按设计师的意图予以实现，设计师还需参加施工现场的监理与服务工作，诸如装饰材料的供货选样、选型与选厂，并根据实际情况对设计图纸作局部调整与补充，按所分阶段检查施工质量，最后参加工程的验收与结算工作，并向甲方或用户交待商场室内环境的使用与维护等相关问题等。

第二章　商场室内环境设计要点

商场室内环境的内容包罗万象，然而经过归纳总结，我们认为其具体的设计工作主要包括空间布局、界面装修与展示陈设三个方面的设计。其设计要点分别为：

第一节　空间布局

一、功能组成与空间类型

商场室内环境的功能组成一般有引导、营销、辅助三部分。其中保证营销活动正常进行的辅助部分又分为库房和行政管理、福利、设备用房等（图2–1）。

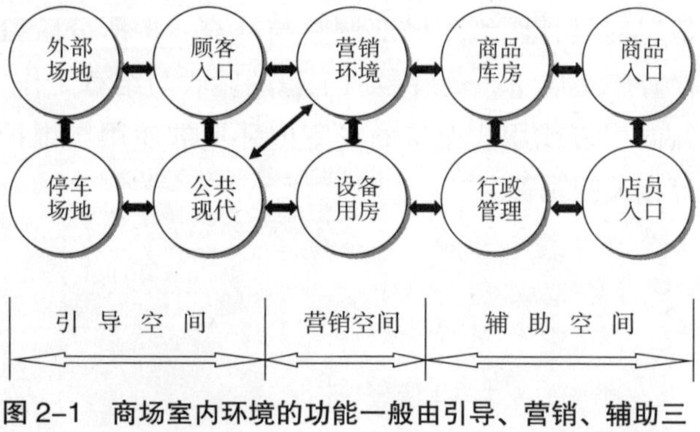

图 2–1　商场室内环境的功能一般由引导、营销、辅助三部分所组成

根据商场室内环境的不同规模，各部分之间有着相应的比例关系，它们既有相对的独立性，又有一定的联系。不同类型的商场室内环境在规模、营销方式、空间组成上有所不同。但作为直接进行经营活动的营销空间，是商场室内环境的核心，其余各部分各有取舍与合并。但从商场室内环境来看，其具体的功能组成内容则分别为：

（一）引导部分

引导部分主要是指商场外部环境的入口集散广场与室内入口空间。商场的引导部分是其内外空间环境联系的纽带，也是商场吸引顾客步入其内购物至关重要的设计空间。其中这种入口集散广场具有与大型公共广场完全不同的空间性质，它是与商场紧密相连，以解决建筑主要出入口大量人员的集散、等车、逗留为主要目的，同时兼顾一些商业性的表演、展示、促销活动。商场领域感较强，是商场室内空间的外延和补充。而室内入口空间既是进入商场室内营销部分前在空间序列上的过渡，又是顾客在此会聚集散、休闲游逛、商品展示的半室内环境空间。同时还由于室内入口空间与室外入口集散广场在空间上紧密相连，从而成为商场展示企业形象，扩大商业影响的最佳场所。不少商家充分利用引导空间的广告作用，在商场门前集散广场举行升旗仪式、时装表演、彩球放飞及各种标新立异的商业促销活动，使其成为商业空间入口引导部分一道亮丽的风景线。商业效果非常显著（图 2–2）。

（二）营销部分

营销部分通常也称作营业店堂。它是整个商场室内环境的核心。其中销售是营销空间最基本的功能，同时为保证正常的商业秩序及满足顾客心理生理的需求，营销空间还具有临时贮藏、交通、商品展示、休闲、服务等功能。所以商场室内营销空间部分又可细分为：购物空间、交通空间、展示空间、休闲空间、文化教育空间和服务空间等。它们分别为：

1. 营销空间

营销空间是整个商场的主体。它由商品置物道具等设施作为空间限定的要素来划分进行商品营销活动的场所，是营销空间的重要组成部分（图 2–3）。

图 2-2　商场引导部分是其内外空间环境联系的纽带

图 2-3　营销空间，是由商品置物道具等设施作为空间限定的要素来划分场所，进行商品营销活动，是商场室内环境的核心

2. 交通空间

交通空间是指商场内的通道、楼梯、自动扶梯及电梯等设施所用空间。其位置、数量、布置及宽度等均需满足商场内部空间的动线安排与交通组织，使顾客能够轻松、便捷地完成在商场中各种活动的开展（图 2–4）。

3. 展示空间

展示空间是指从常规的柜架到地台、墙面及空中挂件，展示的商品从只能观赏到可触摸、可试听、可试用，创造出视觉焦点（图 2–5）。

图 2–4　交通空间是指商场内的通道、楼梯、自动扶梯及电梯等设施所用空间

图 2–5　展示空间从常规的柜架到地台、墙面及空中挂件等设施所用空间

图 2–6　服务空间包括商场内的试衣间、听音室、问讯处、寄存处等辅助空间

图 2–7　休闲空间包括商场内为顾客提供餐饮、休息、娱乐、文化等辅助空间

4. 服务空间

服务空间是商品销售的辅助空间，如：试衣间、听音室、问讯处、寄存处等（图 2–6）。

5. 休闲空间

休闲空间为顾客提供餐饮、休息、娱乐、文化等场所，点缀以绿化小品，既满足了顾客的需求，也促进了消费（图 2–7）。

各于功能空间的组织应使顾客流线通畅，通道出入口明确，利于商品的陈列和促销及营业员的销售服务。

（三）辅助部分

辅助部分是在营销空间之外，为保证营销活动的正常进行，供内部使用的空间，通常由仓储空间、行政管理、福利及设备用房组成（图 2–8）。它们分别为：

1. 仓储空间

仓储空间是根据商场的规模，经需要提供商品周转的存储空间。它包括总库房、分部库房和散仓。

其中总库房一般独立于营销空间之外，它贮存的商品数量多、种类全，周转时间相对较长。分部库房可贮存一个星期左右销售量的商品，其位置可与营业厅同层，也可位于营业厅的顶层或地下层，以升降机作为垂直货运工具。散仓是营业厅内必不可少的临时贮存空间，一般贮存量不少于当天的销售量。

2. 行政用房

行政管理用房可分为办公用房和会议室两部分。其中办公用房包括经理室、财会室、业务室、

图 2-8　辅助部分是保证营销活动的正常进行，供内部使用的空间

图 2-9　商场中的动线，是其设计中需要考虑的关键问题之一

保卫室、行政室、党团办公室、工会及总务等用房。为各层品部设的主任室、会计室等则设在各层营业厅附近；会议室以设置大小两个为宜。

3. 福利用房

商场营业时间一般较长，职工在店内停留的时间相应也长。为此，营业人员分为早、晚两班进行工作，这样在上下班时间上就不一致，故生活福利用房应根据商店的特点，尽可能满足职工的需要。在一些大中型商店，通常设置有休息室、哺乳室、医务室、文娱阅览室、食堂、开水间、浴室、厕所和自行车棚、库等福利用房。

4. 设备用房

设备用房包括配电室、电话总机室、广播室、传送商品设备、通风采暖设备和食品商店的冷藏设备等。某些大型商场还附设有加工厂，如服装加工厂、食品厂、酒厂等。还有的商场为了正常业务的开展，还为货物的装卸车、开包拆箱、车辆回转、箱皮包装的清理回收及后勤生活辅助工作提供了必要的场地。

二、室内动线安排与组织

（一）动线安排

商场中的动线安排问题也是设计的关键之一。就商场内部环境来说，如何引导顾客进入商场，并使顾客顺利地游览选购商品，灵活地运用建筑面积以避免死角，安全、迅速地疏散人流是设计的主要目标（图 2-9）。商场内部环境的动线设计，依其种类、面积、形状、入口及设施（自动扶梯、电梯、楼梯）等要素的差异而确定，主要有水平、垂直及两者的结合三种。一般水平交通动线的设计应通过营业大厅中展示道具及陈列柜橱布置形成的通道宽度，以及与出入口对位的关系，垂直交通设置的位置来确立主、次动线的安排，并使顾客能够明确地感知与识别。垂直交通的设置则应紧靠入口及主流线，且分布均匀、安全通畅，便于顾客的运送与疏散。同时内部交通动线还要考虑运货及员工的交通动线，而且应各备出口，以做到互不干扰，又能联系紧密。

就商场外部环境来说，要有方便的外部交通动线，以便于顾客进入和突出商场。并根据不同类型商场环境的需要，设置与街道、停车场、公共汽车站等相连的交通动线，从而做到流线通畅。另外在某些大型商业中心，为便于其动线设计，还专门在商场外部环境设立专用人行天桥，并考虑无障碍设计与防火安全通道，满足残疾人使用与建设的安全保护需要。

（二）动线组织

商场人流最集中的空间通常是营业大厅，因此具备清晰合理的流线应是第一位的。而流线是商场空间组织的命脉，它既依赖于入口与垂直交通的位置，又取决于柱网与敞开或封闭的经营方式。商场的动线组织应力求实现人流路线的均衡性，使顾客能在最短的距离内轻松地“逛”完全程。在划分时，需区别出通道和购物区，以及主要通道和次要通道，具体的做法是处理道路宽度的变化、地面材料组合、照明强弱与出入口的对位关系及垂直交通的设置等。同时，所有水平流线必须和各层的垂直交通联系便利，而且明确（图2–10）。

1. 水平流线的划分与组织

水平流线的划分组织原则是形成合理的环行路线，为顾客提供明确的流动方向和购物目标，对大中型商业空间而言，流线可分为主流线与副流线，其中：

（1）主流线

把人流导向各条副流线和垂直交通系统，提高空间整体性，便于顾客浏览各个区域的特征。

（2）副流线

是各商业区域内部购物流线，它可以明确划分商业营业区的边界。

其流线的主要形式与商品布置方式相关（图2–11），主要有通道式、直交式、斜交式、环绕式、放射式和自由式等类型，它们可通过柜台、货架、隔断等的布置来形成。

在商场中各种流线有自身的特点，例如直交流线的特点是可以使空间简洁，识别性强。不足是缺少变化。它一般适用于岛式周边式柜台布局。

环绕性流线的特点是空间富有变化。它适用于敞开经营方式和专门店组合的类型。

其中，通道式和直交式较为普遍，放射式比较适合集中性强的空间。由于斜交式与自由式的划分比较特殊，下面将着重予以介绍。

斜交流线是指与平面成一定角度的流线。它的特点是能够拉长室内视距，形成较为深远的视觉效果，使空间具有变化，可以避免单调感，也有规律性，但需处理好，避免直死角的产生。

斜交式的划分能够拉长室内视距，形成较为深远的视觉效果，有变化，也有规律性。在具体布置划分时，一般是将柜台、货架等设备与营业空间柱网呈45°斜交布置。

自由式的划分则是将大厅灵活分隔成若干个既相对独立且联系方便的部分，空间富于变化而不杂乱。同时，可采用轻质隔断分隔出库房、职工用房以及设备室等空间。柜台、货架等可根据人流走向和人流密度的变化以及商品的特性而自由布置。

2. 垂直交通设计

由于商场多为多层建筑，商业经营平面与顾客活动平面的垂直距离有远有近，交通方式存在

图2–10 商场中所有水平流线均应与垂直交通联系便利，并做到动线布置明确及易于识别

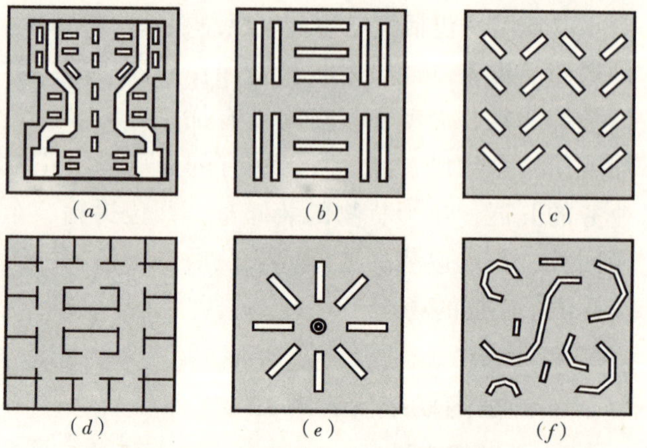

图2–11 商场中水平流线的布置方式

（a）通道式；（b）直交式；（c）斜交式；（d）环绕式；（e）放射式；（f）自由式

差距，处于不同竖向位置的商店形成不同的竖向便捷度。不同的竖向便捷度对顾客的购物行为与心理和商店的经营影响很大。因此，为了达到这一目的，商场应尽量采用现代化垂直交通工具给顾客提供便利条件，使营销空间在竖向交通方面保持良好的通行关系。

垂直交通的设置与商业空间的顾客流线设计紧密相关，与空间的布局组织也有着很大的关系。同时，垂直交通对空间气氛影响很大，经过装饰处理，可以使其除了运行功能外，本身也作为吸引人流的视觉中心，起到点缀、活跃空间的作用（图2–12）。因此，它的设计对整个商业环境的好坏影响很大，直接影响到顾客的行为、心理乃至商店的经营。

垂直交通的处理必须考虑顾客流线，注意入口与垂直交通的相互关系，减少死角的产生。一般情况下，将主要垂直交通设在平面的几何中心。

在商场内部，用于主要垂直交通手段和工具包括自动扶梯、电梯、楼梯以及坡道等。在现代化的商业综合体中，多是采用机械化的垂直交通设施为顾客服务，以满足现代人舒适、方便的消费需求。同时，这些建筑构件本身又富有动感，为商业空间增添了生气。

（1）自动扶梯

自动扶梯可运送大量顾客，因此在商场内部使用扶梯比较合适，无须等待，占地空间相应小于电梯空间（图2–13）。

图2–12　垂直交通对空间气氛影响很大，经过装饰处理，可以使其除了运行功能外，本身也作为吸引人流的视觉中心，起到点缀、活跃空间的作用

图2–13　在商场内部使用自动扶梯可运送大量顾客，且无须等待，具有占地空间相应小于电梯空间的特点

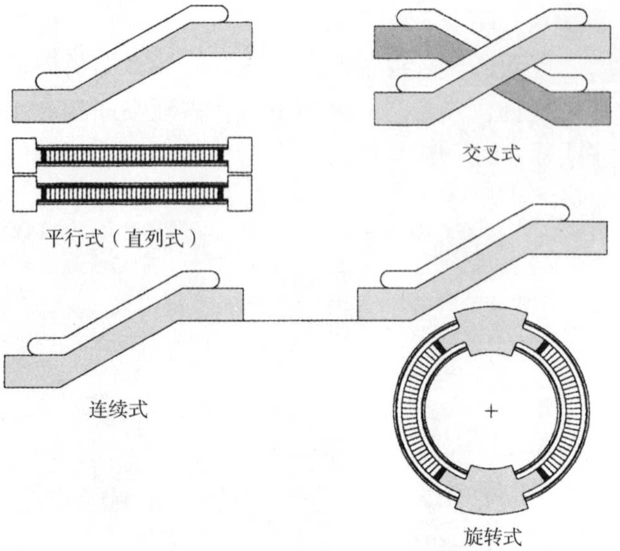

图 2–14　商场内部自动扶梯常见的配置方式

图 2–15　商场内部自动扶梯附近应设与之相配合的楼梯

扶梯可设计成为若干层服务，常用的使用方式如下（图 2–14）：

连续式：连续的直线型扶梯只允许在单一方向使用。

叠加式：只在单一方向运行一段距离。

单交叉式或称剪刀式：分别在单一方向运行一段距离。

双交叉式：分别在两个方向运行一段距离。

自动扶梯往往设置在中庭交通枢纽及出入口等人流密度较大的地方。它在中庭的布置可分为周边式与穿越式。

对于无中庭的商业空间来说，自动扶梯的设置有三种方式：

设在平面的几何中心。如广州市商业大厦、北京市燕莎友谊商城、武汉市群光商场等。

设在平面的一侧。如广州市新大新公司、北京市贵友大厦。

在商业空间外设交通厅。如武汉市武商亚贸广场。

垂直交通的设置依据营业区域面积而定。大型商业中心往往需设两处以上自动垂直交通。如北京西单购物中心、武汉光谷国际商城。

需要注意的是，自动扶梯上下两端水平部分 3m 范围内不得兼作他用；当厅内只设单向自动扶梯时，附近应设与之相配合的楼梯（图 2–15）。

（2）电梯

商场内部空间一般在 4 层以上的应设置电梯，普通客运电梯多与封闭式疏散楼梯联合设置，它便于对目的层的直接输送。景观电梯通常布置在室内中庭，具有垂直运输与观光的双重功能，也可紧贴高层塔楼的外墙进行安装（图 2–16）。

巧妙利用电梯创造气氛的实例颇多。例如，英国王子广场设计主持人休 · 马丁认为：新商业中心应该把休憩、交往与购物同等对待。因此，该商场内布置了远远超过实际需要的楼梯和电梯，意在招人上上下下，把顾客吸引到餐饮层来，以享受明媚的阳光、欣赏厅内豪华的装饰以及造成所谓“人看人”的效果。同时，为追求一种既传统又现代的效果，他使用了大量的大理石和 20 世纪初流行的铁管柱和金属装饰。华丽的中庭看上去像是维多利亚时代、新艺术运动以及麦金托什装饰风格和现代技术的大杂烩。加上承租者都是特约的名牌商店，使到这一高级商场观光游览，或在餐饮层挑廊咖啡座上消磨时光的人远比购物者多。

电梯的具体设计有各种技术要求，包括：电梯位置应与入口有适当的距离，以免妨碍人流过往和等候，电梯厅应设在不受人流干扰，并在入口处尽可能看到的位置。同时，电梯厅设计也是一项重要内容（图 2–17）。

图 2–16　商场内部具有垂直运输与观光双重功能的电梯

图 2–17　商场内部电梯厅设计也是一项重要内容

图 2–18　载客电梯、自动扶梯已成为商场内部的主要上行运输工具，而楼梯只用于顾客下行时的通道，有开敞式与封闭式两种形式

除了载人电梯，商场中货梯的设计也是一项重要内容。

货梯的类型和尺寸通常由货物的种类和尺寸决定。货梯一般设置在卸货入口的附近，以便于将货物直接入库。等候厅尺寸至少是轿厢尺寸的 1.5 倍。为满足设计要求，建议电梯只开前门，或开前门、侧门，或开前后门。货梯的载重量为 500~2000kg；杂物电梯荷载量为 100~200kg。货梯的行驶速度并不重要，这是由于它的运行时间远比等货物的时间少。

（3）楼梯

目前，载客电梯、自动扶梯成为主要上行运输工具，而楼梯渐渐只用于顾客下行时的通道。在商场内部，楼梯有开敞式与封闭式两种（图 2–18）。

开敞式楼梯通常结合商业空间的中庭、大厅或广场进行设计，设在自动扶梯附近或是与其并置，也可设在室外，对顾客人流起引导作用。还可将楼梯与自动扶梯组合设计，并结合不同的交通空间，设计不同的楼梯与之相对应。楼梯的造型多样，有单跑、双跑、三跑、转角、螺旋、圆形、弧形等等。

疏散楼梯一般只作疏导人流用，使用人次较少。在无下行扶梯的商场中，也作下行用。在有下行扶梯的商场中，在停电和发生火灾等特殊情况下起疏散作用。封闭式楼梯是作为疏散楼梯进行设计的，当建筑高度超过 24m 高度时，应按防火规范要求作防烟处理，并宜布置在易于寻找的位置，且应有明显的指示标志。

一般来说，楼梯的总宽度以最大楼层的建筑面积为准，一般按每 $100m^2$ 需 60cm 净宽计算。疏散楼梯的数量和宽度等应严格按国家的防火规范执行，并按该宽度指标结合疏散路线的距离、安全出口的数目确定。

3. 坡道设计

与楼梯、扶梯相比，坡道应满足无障碍设计的要求，方便老幼病残及输送物品。坡道应有很好的视觉效果，但是占地面积较多。如北京东安市场地下一层营销空间中设有专供残疾人使用的坡道。对于残疾人坡道设计常采取与阶梯并设，坡道要缓，一般不大于 1/12，两侧应有保护装置；坡道的起点、终点、转弯处必须设休息平台，每隔 9m 设一个，宽度需视环境而定（图 2–19）。在室内，单辆轮椅通过时净宽不得小于 0.9m。

4. 无障碍设计

商场室内营业空间中的无障碍环境设计，体现了一个社会文明的程度。“对人的关怀”是建筑设计最基本的原则。近年来国内在利用率较高的大型商场室内营业空间中实施了无障碍环境设计，并主要针对那些尚能自己行动，但受环境障碍影响较大的肢体残疾者和视力残疾者，同时为老年人、孕妇、儿童及临时性伤残者提供方便。如北京西单的华威大厦设计中设置专供残疾人使用的坡道等。其设计要点为：

（1）出入口有高差处应设供轮椅通行的坡道和残疾人通行的指示标志，厅内尽量避免高差。

（2）多层营业厅应设可供残疾人使用的电梯。

（3）供坐轮椅顾客购物的柜台应设在入口易见处（图 2–20）。

（4）盲人应通过盲道引导至普通柜台。走道四周和上空应避免可能伤害顾客的悬挂物。

上述垂直交通设施的构件可适当地进行装饰处理。如在自动扶梯的扶手下方顺坡连续或间歇设置线形荧光灯、散花束带或草木盆栽，起着上下空间的导向作用，既醒目又有韵律。同时，可对楼梯、扶梯的下部或旁侧空间加以利用，如设置水池、雕塑、植物栽种、展示等。这一切标志着我国的无障碍设计有了一个良好的开端，它们

图 2–19　北京东安市场地下一层营销空间中设有专供残疾人通行使用的坡道

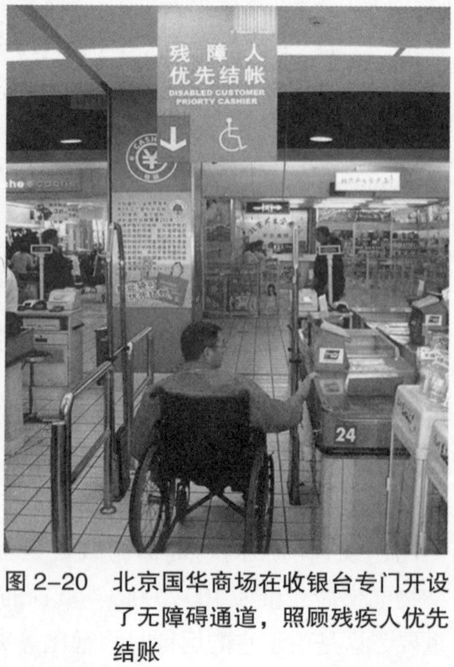

图 2–20　北京国华商场在收银台专门开设了无障碍通道，照顾残疾人优先结账

将为国内其他城市商场室内营业空间中的无障碍设计起到示范和带头的作用。

三、空间布局与设计处理

（一）空间布局

商场的经营环境基本上由营销空间和辅助空间构成。较大规模商场的经营环境可以由营销空间和提供服务的非营销空间、辅助空间及停车场所构成（图2–21）。各个部分环境空间所占比例因商场经营方式不同而不同。

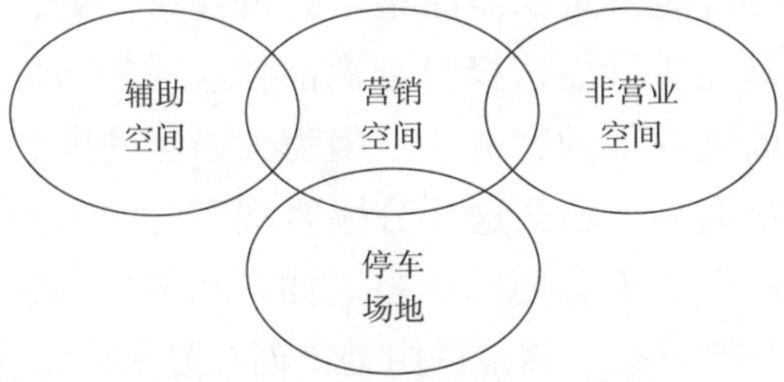

图2–21　商场经营环境的空间构成

1. 营销空间面积与顾客所占面积的比例确定

商场营销空间面积是由营业员工作现场所占面积与顾客所占的面积两部分所组成。这两部分设置比例是否合理，很大程度上关系到商店的经营效果。一般在布局设计时，既要考虑保证营业员进行商品陈列与出售时所必须占用的面积，又要充分考虑顾客的流量，以保证顾客购买商品和参观游览流动所占用的面积，方便顾客。布置原则是在便于顾客参观选购商品的前提下，充分利用营业面积，摆放陈列商品，提高营业面积的使用效率。

这两部分面积之比例，可根据商场营销空间面积、经营的类型、营业现场形式以及顾客购买规律等多种因素而定。如果商场面积大，可考虑让营业员的工作现场、柜台、货架、样品橱窗占用较大的面积，以陈列种类较多的商品，并充分展示陈列商品。如服装可以展在模特儿身上，床单、床罩可以整体平面陈列。大中型综合商店一般客流量较大，要求顾客占用面积应较大。否则，尽管商品陈列很丰富，琳琅满目，但顾客却挤得水泄不通，这样是很不利于顾客购物。至于有特定消费对象，参观性不强的专业性商店和设在街头巷尾居民区中的小型百货商店、综合商店、副食品商店顾客占用的面积可小些。经营商品花色品种多和复杂、挑选性强而且带有服务设施的专业商店，顾客占用面积的比例应大，经营商品品种单一、选择性不强的专业商店，顾客占用面积可小些（图2–22）。

2. 商场室内环境营业场所的布置

商场室内环境营业场所的布置是指售货柜台、货架和样品橱的设置摆放形式。从绝大多数商场设置情况来看，一般都是前柜台后货架（也就是壁橱），把货架紧靠墙面放置，或利用贴墙壁橱，这种布局较为合理。靠墙货架和壁橱不仅遮盖了墙面空白起到美化商场作用，而且节约商场平面面积（图2–23）。一般离开货架（壁橱）50~60cm前放置柜台。这50~60cm的空间就是营业员工作场地。货架（壁橱）和柜台商品陈列最好能前后呼应，这给营业员工作时就带来很多方便。顾客选中柜台商品时，营业员一转身就能在货架（壁橱）里随手取来。

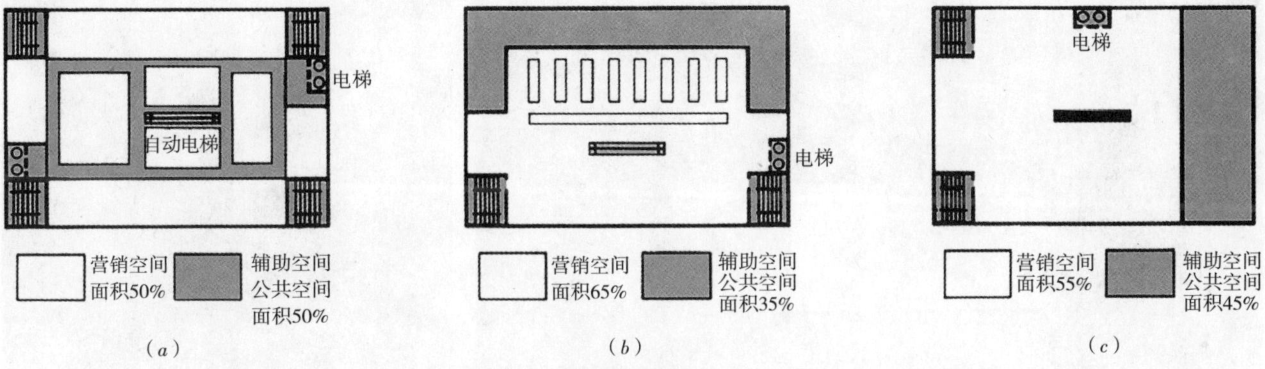

图2–22　商场经营环境的面积配比关系

（a）集中专卖店；（b）自选市场与批发销售店；（c）百货商店

图 2-23　商场室内环境经营场所的布置

如果商场营销空间里有柱子，最好把柜台嵌在柱子与柱子或柱子与墙面距离中间，使人在视觉上感到店堂面积宽敞。柜台连接柱子，还可以利用柱子的空白，张贴海报广告，也可以是其他装饰和广告所用，如灯管、壁灯、镜面玻璃，出样小挂橱等等，以增强店堂美观。有些商场营销空间利用柱子，缚一根绳子吊挂商品。尽管这样能起到样品展示的作用，但有损店容，不宜提倡。

一般货架（壁橱）高度在 180cm 左右，宽度在 100~150cm 左右，由于新建的店面房高度一般大约在 3m 左右。因此，货架（壁橱）需离顶棚 1m 多，可利用这一空间安装灯箱立牌广告。

3. 营业现场布局要求

（1）单层商场的布局设计要求

尽可能将时令商品柜台安排在进门处，使顾客一进商店就能选择时令商品，这样的布局可以减少商店内部的客流量。因为大多数的顾客只选购时令商品，那么这部分顾客就不必深入商店内部，避免了不必要的拥挤。如：在春、秋天，商店将羊毛衫柜台移至进门处，而在夏天，将衬衫、裙子、汗衫和背心等柜台移至进口处，冬天将皮装和羽绒柜台移至进口处（图 2-24）。

将五颜六色、引人注目的商品柜台放置在商场进门处，造成商品丰富，品种齐全的气氛，而吸引顾客，使顾客一进商店，就能被这些商品所吸引，产生一种继续走向商店深处和准备购物的兴趣。如将化妆品、烟酒、食品、工艺品、儿童玩具和家电等柜台安置在入口处，招徕顾客。

图 2-24　商场入口环境的时令商品的布置

将日常商品的柜台布置在入口处附近，同样可减少商店内部客流量，如将针线、肥皂、牙膏和钟表等人们日常生活必需品的柜台安置在大门入口处附近。

将展销商品柜台安置在商店进门处，举办商品展销是商店最吸引顾客的一种售货形式。展销往往会使客流量激增。如将展销柜台放置在门口处，会把大多数参观展销的顾客吸引在店门附近，避免店内客流量的增大。

将笨重不便搬运的商品柜台安排在入口处，便于顾客搬运，而不影响其他顾客。有条件的商店可将这类商品集中于一个单独营业小区或营业大厅内，通向店外通道和门面要足够宽敞，便于搬运。

将相互有联系的商品相互靠近，而将互有影响的商品柜台分开设置。如将服装、鞋、帽、围巾、手套和袜子的柜台彼此靠近，而将经营茶叶与经营烟草或药品的柜台相互分开，避免茶叶串上烟味和药味。经营腌腊、南北货的柜台和经营蛋糕、饼干、面包等食品柜台相互隔开，避免商品之间相互串味，影响销路。

应根据时令、产销、商店经营范围和商品结构变化而改变柜台的摆放形式，以便利消费者选购商品。

（2）多层商场的布局设计要求

这可参考单层商场布局设计的要求，尽可能将时令商品、日常生活所需的小商品、展销商品、光彩夺目的商品和体积大而笨重的商品安排在底楼，而将价值高的工艺品和珠宝类、钟麦、服装，文体用品、服装鞋帽和小家电等商品布置在楼上（图 2–25）。

商场为了招徕顾客，往往在多层商场顶层举办展销会，诸如举办家具精品、羽绒服装、时装精品，皮夹克系列等时令商品展销，吸引更多的顾客。如广州南方大厦经常利用商场上层举办展销会来招徕顾客。多层商场亦往往在商店二、三层等处开设批发商场，或机关团体购物商场，以吸引大宗生意。

（二）设计处理

1. 空间分隔

商场空间分隔的手法主要包括利用隔墙、隔断、屏风、橱柜、货架及帷幕等（图 2–26）。它们分别为：

（1）利用隔墙

可采用砖隔墙、板条、铝合金和石膏板等材料来分隔空间。前两者封闭性好,砖隔墙结构牢固，隔声好，属于永久性分隔；后两者施工方便，但封闭性和安全性不及前两者。

（2）利用柜台、货架与样品橱等来隔断

商场室内空间可采用柜台、货架、组合橱、样品橱等来进行隔断。这是一种临时性分隔方法，可根据需要经常改变分隔区域，以使分隔空间连通。

（3）利用屏风、帏幔、绿化盆景来隔断

这些隔断简便、灵活，既可作为半永久性隔断，又可作为临时性隔断，是一种有效的装饰手段。

（4）利用镜子和玻璃窗来隔断

这种隔断属于永久性隔断，分隔空间效果明

图 2–25　多层商场往往将价值高的工艺品和珠宝类、钟表、服装、文体用品、服装鞋帽和小家电等商品布置在楼上，并在商场顶层举办各种展销会、博览会来招徕顾客

图 2–26　商场主要利用隔墙、隔断、货架、橱柜、屏风及帷幕等手法来进行空间上的分隔

显，又对分隔空间具有很强的装饰作用。巧妙使用镜子和玻璃（这可以是无色和有色透明玻璃、茶色玻璃等）可达到很好的扩大视觉空间效果。

2. 空间联系

商场各个购物空间之间的引导，一般采用下述一些方法（图 2–27）：

图 2–27　商场主要通过顶棚、楼梯、地台、地坪、墙面、柜台、货架、样品橱、标牌广告等来起到空间的联系，从而使其经营空间可由一个空间过渡到另一个空间

可以通过楼梯、地台、地坪、顶棚、墙面、柜台、货架、样品橱、标牌广告等的连续变化，把一个空间过渡到另一个空间。

通过店中街、店中屋、地毯、灯光照明、色彩变化、花卉布置、陈列模特、柜台、橱窗和货架等的摆放布置，将两个不同空间联系起来。可以通过借景和漏景方法，使空间引申或渗入到另一空间中去。如大玻璃窗、推拉活动门、通透橱窗等，都具有空间引导作用。

在商业空间入口处、上下楼梯口、转弯处或交叉处，可利用指示路标、平面图和立体图、霓虹灯广告、灯箱等作为空间连接过渡的引导物。

此外，还可以通过墙壁雕塑、立体雕塑、壁挂等来起到空间导向作用。

3. 空间的引申和扩展

利用空间对比与衬托，把商场室内有限空间与室外无限空间有机地联系起来，以打破室内空间的限制，从而取得视觉更为广阔的空间效果与心理感受。

第二节 界面装修

从商场室内环境的界面装修来看，它与其他类型的建筑室内环境在界面装修上基本相似，只是在其营销环境的空间界面装修方面有其自身的特点。通常根据商场营销环境的经营性质、商品特点、顾客构成等因素来确定内部空间环境气氛的总格调，要求商场营销环境的空间界面装修在造型、色彩、照明、选材、物理环境等方面物应起到展示商品、烘托环境气氛、诱导消费的作用（图 2-28）。其界面装修的功能主要表现在以下三个方面，即：

图 2-28 商场营销环境的空间界面装修在造型、色彩、照明、选材、物理环境等方面物应起到展示商品、烘托环境气氛、诱导消费的作用

其一，商场室内各个界面的功能主要是用来限定其空间的容量和性质。由于人们在商场中的行为往往是连续的，为了支持相关行为的展开，空间形式常以复合的方式结合在一起，以方便人们在室内不同的空间中进行多种的活动。

其二，商场室内各个界面具有较强的调节功能。室内界面作为联系主要空间与辅助空间的逻辑分界面，从内部环境上将某些辅助空间利用、遮蔽、保护起来，并使主要空间占据主导地位。在设计中可以通过改变室内空间界面的位置、高低、软硬和曲直来改善空间中不合理的因素，使主从关系趋于合情合理。

其三，商场室内各个界面讲究空间气氛的设计。它本身所具有的商业性要求它标新立异，界面无疑担负着阐述主题、烘托经营气氛的作用。它不仅为人们在其中活动营造了一个良好的空间环境，还为商品的展示陈列提供了一个良好的空间背景。

一、顶面装修

（一）顶面装修

顶面是指建筑室内空间的上部界面。它是除墙面，地面之外，用以围合室内空间的另一个大面。在商业室内营销环境中，顶面因在视平线以上，故对顾客视觉影响较大，是商场内部空间界面处理的重点，应根据设计创意确立其表现的风格，并满足人流导向的要求（图 2-29）。

商场营销空间的顶面设计需要确定其顶面的造型、色彩、照明、光影的处理形式，以便为形成富有变化的商业空间创造条件。此外，在高档及大中型商场顶面处理中，还常利用顶层的装饰处理综合考虑照明、通风、空调、音响、烟感、喷淋等设施，全面地安排好照明灯具、通风口及音响系统等设备，并要根据声学上的要求铺放吸声材料，布置反射板等，故设计中应根据商场室内营销环境的结构形成设计顶面的样式。只是顶面装饰是技术要求比较复杂、难度较大的装饰工程项目，必须结合商场室内营销环境的体形，装饰效果方面的要求、经济条件、设备安装、技术要求及安全问题等情况来进行设计。

（二）顶面装修的类型

商场室内顶面装修的类型可根据不同的功能要求分为多种类型，通常采用的有平滑式、藻井式、分层式与悬挂式等，也有采用暴露、透空、玻璃、垂挂等形式的。商场室内顶面的设计风格不一，流派纷呈。常采用造型、色彩、质感、纹理或图案的变幻来追求某种特定的效果，并运用空间层次的错落、折叠、波折、凹凸来丰富顶面的造型。归纳来看可分为以下一些形式（图 2-30）：

图 2-29　在商场营销环境中，因顶面在视平线以上，故对顾客视觉影响较大，由此成为商场内部空间界面处理的重点，应根据设计创意确立其表现的风格，并满足人流导向的需要

（a）　（b）　（c）　（d）　（e）　（f）　（g）　（h）

图 2–30　商场室内顶面装修的类型

（a）平滑式；（b）藻井式；（c）分层式；（d）悬挂式；（e）格子式；（f）波纹式；（g）玻璃顶；（h）暴露式

1. 平滑式

平滑式是使用最多的一种顶面装修形式。从最早的木板顶、抹灰顶到现在的各种现代材料的顶面装修形式，可谓是形式多样。平滑式顶面装修以简洁、节省层高空间、静谧、典雅而经久不衰，它既可以用彩色玻璃拼镶而成大型的圆形、条状、块状图案。也可以装入筒式吸顶灯、射灯等设备以及装饰。并比较容易和其他顶面装修形式结合，产生出更加丰富的效果。

平滑式顶面装修的构造简单、外观大方、气氛明快，适用于各种类型的商场室内顶面装修。其艺术感染力主要来自色彩、质感、分格以及灯具等各种设备的良好配置。

2. 藻井式

藻井式顶面装修形式是在一个平面上，由纵横交错的主梁、次梁形成的矩形格，由井字梁楼盖形成的井字格等，可形成很好的图案造型。藻井式顶面装修形式可在平面的基础上，增加顶面的凹凸成分，因而更具空间上的变化。它还能在一个个方形、圆形、多边形等形状的藻井内布置灯具、石膏花饰或绘制彩画，设置凹式方屏、暗槽反光等内容。从而使商场室内顶面装修在形式上出现生动、美观的艺术效果，直至表现出特定的气氛和主题。

藻井式顶面装修形式多用于具有传统风格的商场室内顶面装修，以形成富有中国特色的商场室内空间环境气氛。

3. 分层式

分层式顶面装修是分成几个高低层次来进行装修的一种形式。分层式顶棚的特点是简洁大方，与灯具、通风口的结合更自然。进行这种顶面装修设计时，要特别注意不同层次间的高度差，以及每个层次的形状与空间的形状是否协调。

现代不少商场室内顶面装修中常常采用暗灯槽，以取得柔和均匀的顶面光线装修效果。

4. 悬挂式

悬挂式顶面装修是在承重结构下面悬挂各种折板、格栅或饰物所形成的悬浮顶面形式。采用这种顶面装修形式往往是为了满足声学及照明等方面的特殊要求，或是为了追求某种特殊的装饰效果。

在商场室内空间环境中，也常常采用不同形式的悬浮顶面装修形式。如有些商店的灯具就采用木制格栅或钢板网格栅作为顶面装修的悬挂物，既作了室内空间的主要装饰，又作了照明灯具的支承点。还有的商场室内在上空运用各式各样的织物做悬挂装饰，也取得形态生动、气氛活泼、千姿百态、灵活多变的视觉效果。

5. 格子式

格子式顶面是以密集的小凹凸来形成装饰效果的，常见的有密肋顶、满天星、条格式、格片式等种类。格子式在层次上比平面式厚重、丰富，格调上也比平面式活泼，虽没有平滑式显得利落，但也易于与其他顶面装修形式取得协调的视觉效果。目前在超市等商场室内空间环境中，较多地采用这种顶面装修形式进行设计处理。

6. 波纹式

波纹式顶面装修是一种具有起伏变化的顶面装修形式，包括弧形波状吊顶、彩色挂幔吊顶等形式。需要高大的商场室内空间才能使用，其艺术感染力很强，能够给人带来强烈的情感感染变化。

7. 玻璃顶

大型商场室内环境常采用大空间的形式，为了满足采光要求，打破空间的封闭感，使环境更富情趣，除把垂直界面做得更加开敞、通透外，整个顶面都采用透明的玻璃顶作为装修形式。只是玻璃顶面装修由于受到阳光直射，容易使室内产生眩光和大量辐射热，一般玻璃破碎易砸伤人。为此可视实际情况采用钢化玻璃、有机玻璃、磨砂玻璃、夹钢丝网玻璃等。

在商场室内空间环境中，玻璃顶面装修形式多用于中庭空间，并与室内景园环境结合，形成丰富多彩的室内空间氛围。

8. 暴露式

不少商场室内顶面原有结构本身就极富特色，像人字形钢网架，玻璃天窗，挑廊等，对此顶面结构最好不要过多遮盖，可让其尽量显露出来，由此形成别具一格的顶面装修效果。另外还可将装修材料不经过吊顶处理全部或部分地直接与结构连接，使其产生一种朴素、平实的视觉感受。

再有一些受层高所限的商场室内空间，可将管线经过特殊防腐防渗处理后暴露出来，形成独具匠心的设计风格。

（三）顶面装修上的设备

商场室内顶面装修上除有各种灯具外，通常还配置通风口、烟感探头、喷淋头和扬声器，以满足空间的通风、消防及广播、报警要求。配置这些设备首先要满足技术上的要求，同时，又要以恰当的尺度、形状、色彩和符合构图原则的排列方式对顶面进行设计处理，使其成为顶面上不可缺少的装饰物。通风口的形式有方形、圆形、带形等许多种。扬声器的喇叭多数隐蔽在顶面上，烟感探头、喷淋头一般都伸出顶面下皮之外。这些设备与灯具可综合地布置在一起。在门窗的上口，一般装有窗帘、门帘，有的装有风幕。这些部位在进行顶面装修处理时还需配置窗帘盒及风幕罩。

二、墙面装修

（一）墙面装修的功能

墙面是一切建筑物的基本建筑部件，它作为围合空间的一个重要因素，在商场室内环境所占比例大，且垂直于地面和人的视平线，因而对顾客的视觉影响很大，故在组织人流、货流、采光、照明与经营安排上具有重要作用（图 2-31）。而商场室内墙面装修的功能作用主要表现在于保护室内墙体、满足使用需要及美化空间环境等方面。

图 2-31　墙面在商场室内环境所占比例大，且垂直于地面和人的视平线，因而对顾客的视觉影响很大，故在组织人流、货流、采光、照明与经营安排上具有重要作用

（二）墙面装修的类型

墙面装修的类型有以下几种分类方法，即：

1. 按饰面材料来分

可分为涂料饰面（有内、外墙之分）、玻璃饰面、塑料饰面、玻璃马赛克镶贴面、瓷砖贴面、大理石与花岗石饰面、金属饰面等。

2. 按基层材料来分

可分为混凝土墙体饰面、加气混凝土墙体饰面、石膏板饰面、砖墙体饰面、木基层饰面、金属材料饰面等。

3. 按墙体装饰施工工艺来分

可分为贴面类装饰面、钉铺类饰面、裱糊类饰面、涂刷类饰面、抹灰类饰面等。

4. 按饰面装饰效果分

可分为假石、仿面砖、拉条等。

5. 按材料和施工工艺来分

可分为抹灰类饰面、贴面类饰面、涂刷类饰面、裱糊类饰面、板材类饰面、罩面板类饰面、玻璃幕墙和其他饰面等。

（三）墙面装修的利用

现在许多商场室内环境设计中总是利用墙面装饰的某一面或几面墙壁做商品展示的壁橱或货架，这些壁橱与货架，或嵌入墙面做壁橱，或在墙上吊挂橱柜、广告灯箱、样品橱等（图 2-32）。

通常贴墙壁橱（货架）是指商场室内环境中整个或部分墙面都由贴面壁橱（货架）遮掩而成。这些壁橱可以根据营销空间商品经营的需要，或作为贮藏商品之用，或直接作为柜台搭配货架之用。

嵌入式壁橱是指将壁橱嵌入在墙壁的从顶面至地面的整体空间，其外表面就是墙面，通常此壁橱门前饰以与其他墙面一致的墙纸、墙布或专门用玻璃镜面条块装饰，用以储藏商店经营的各种商品和物品。

吊挂橱柜主要指在沿墙面四周或一面墙壁，在接近顶面上方或顶部悬挂一排橱柜，以作为橱柜贮存样品之用。

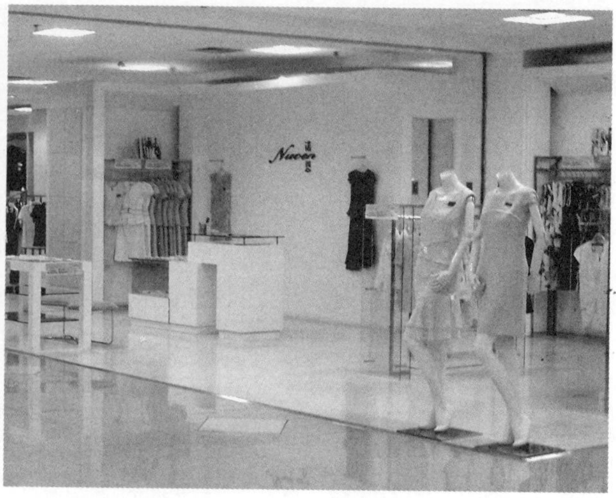

图 2-32　在商场室内环境设计中，墙面总是用来做商品展示的壁橱或货架，以用于商品的陈列展示

三、地面装修

地面在室内环境中又称之为底界面。它与其他两个界面的不同之处在于可使顾客直接产生冷热、软硬、密实的不同感受。由于商场中人流频繁集散，地面的主要性能需耐磨、抗湿、防滑、易于清洁。商场的平面布局自由灵活，地面表面图案的塑造在引导人流、配合商品摆放方面扮演着重要角色（图 2-33）。

（一）地面装修的功能

1. 创造良好的空间氛围

商场室内地面应与墙面、顶面等界面统一设计，并综合运用色彩、肌理及光影等设计要素，使其与不同类型的商场室内空间的使用性质相协调。

图 2-33　在商场室内环境设计中，地面的主要性能需耐磨、抗湿、防滑、易于清洁。地面表面图案的塑造在引导人流、配合商品摆放方面扮演着重要角色

2. 保护室内地坪或楼板

作为商场室内地面装修，应保护室内地坪或楼板在装修后不易磨损、破坏，并达到表面平整光洁、易清洁、不起灰的装修目的。由于面层的覆盖，对楼地面结构层也应起到保护作用。

3. 满足室内使用的条件

从人的使用角度考虑，地面装修材料导热系数宜小，以免冬季给人过冷的感觉。考虑人行走的感受，面层材料不宜过硬。有弹性的面层也有利于降低噪声。

有水作用的房间，地面应抗潮湿，不透水；有火源的房间，地面应防火、耐燃；有酸、碱腐蚀的房间，地面应具有防腐蚀的能力。

4. 达到装饰方面的要求

地面的装饰，是整个商场室内环境装饰效果的重要组成部分，要结合商业的空间形态、展示陈设等的布置、顾客的行为状况及心理感受、色彩环境与图案要求，质感效果和营销空间的使用性质等诸因素给以综合的考虑，妥善地处理好地面的装饰效果与功能要求之间的关系。

（二）地面装修的类型

由于商场室内地面装修材料不会直接受到室外日晒雨淋的影响，有些在室外不宜采用的材料在室内就能得到利用。但是，商场室内环境由于人流大、活动多，其室内地面一般更强调平整、精致，因而室外装修材料中一些表面质感过于粗糙者在室内的使用受到限制（图 2-34）。

图 2–34　商场室内环境由于人流大、活动多，其室内地面一般更强调平整、精致，因而室外装修材料中一些表面质感过于粗糙者在室内的使用就受到很大的限制

就商场室内地面装修的做法来看，普通室内地面装修的类型大致分为两类 20 多种，即：

1. 粉刷类（整体类）地面

有低档、有高档，包括诸如土面层、碎石（含泥结碎石、卵石）面层、沥青（含沥青砂浆、沥青混凝土、灌石油沥青碎石）面层、混凝土（含细石混凝土）面层、水泥砂浆面层、水磨石（含普通、高级）面层、菱苦土面层、铁屑水泥面层、碎拼大理石面层等。

2. 铺贴类地面

包括砖面层、陶瓷锦砖面层、预制水磨石板面层、缸砖面层、花岗石或大理石面层、水泥板（含水泥砖、大水泥砖、混凝土块）面层、地漆布面层、塑材面层、石料面层等，还有木板（含木搁栅）、松木长条板、硬木长条板、拼花木板面层、硬质纤维板面层等。

商场室内地面有时依用途的不同而需要有隔声性、防湿性、隔热性、保温性、防火性、耐磨性，防水性、防腐蚀性等。装修时须根据各种装修材料的特性与地面的用途综合考虑。装修档次不高的地面施工简便，价格便宜，但存在易返潮、起灰、起砂与开裂、冷、硬、响等问题。装修档次高的地面施工复杂，造价高，维修要求也高，但理化性能稳定。

（三）地面装修的特点

商场室内营销空间地面装修的特点主要表现在耐磨、耐脏、防滑、不起尘及便于清洗。其可有多种图案、色彩、材质的组合。地面设计应结合柜台布置形式、顾客通道和售货区，利用不同材料和不同图案色彩加以区分不同的空间，以引导顾客人流和突出室内的艺术效果。

地面或楼面的设计，应结合商品展示柜橱、顾客通道与售货区域，利用不同材料、色彩、图案予以区分，以引导顾客。由于商场内部人流集散频繁，地面材料需考虑防滑、耐磨、抗湿、不起尘及易清洗，而且图案要求简洁大方，并注意完整展现。

四、门窗、柱子与隔断的装修

（一）商场室内门窗的装修

门窗也是商场室内营销空间界面装修中的重要组成部分。门主要由门扇和固定门扇的门框组成。窗主要由窗扇和固定窗扇的窗框组成。营销空间中不装门扇，只有门洞的通道口叫空门洞；而不装窗扇，只有窗洞的墙体洞口叫空窗洞，或装上装饰配件成为漏花窗（图 2–35）。

1. 门窗装修的功能

对商场室内营销空间界面装修来说，门窗除了起采光、通风和交通等主要作用外，还具有隔热、保温及不同程度的抵御各种气候变化和其他灾害的功能。此外，门窗的造型和色彩选择对营销空间界面装饰效果的影响也很大。因此，一般都将其纳入商场立面设计的范围进行考虑。

2. 门窗装修的类型

目前商场室内营销空间中使用的门窗，主要有钢、木、塑、铝（合金）四大类。从施工的角

图 2–35　对商场室内营销空间界面装修来说，门窗除了起采光、通风和交通等主要作用外，还具有隔热、保温及不同程度的抵御各种气候变化和其他灾害的功能，通常将其纳入商场立面设计的范围进行考虑

度来看，则可分作两类：一类门窗是在生产工厂中预拼装成型，在施工现场仅安装即可。如钢门窗、铝合金门窗、塑料门窗多属此类。另外一类是需在施工现场（或施工单位的小型加工厂）进行加工制作的门窗，如木门窗多属此类。铝合金门窗也常有在营销空间施工现场进行制作和拼装的。塑料门窗也有需在施工现场进行制作的。

3. 门窗装修的特点

商场室内空间中门窗的朝向和大小从质的方面均影响着使用功能方面的合理性，一个门或一个窗的位置或外启方向都有可能改变整个空间的布局。众所周知，门最基本的功能是交通，窗则必须提供室内必要的采光和通风。但商场的门窗较住宅之门窗而言更注重情境的创造。它对气氛的营造会比其他装饰更直接有效。尤其是具有鲜明地域特色的室内环境，更注重于门窗的装饰处理。此外门窗还是室内重要尺度的参照物。一般来讲，对原有造型较好的门窗如拱形，半圆形的门窗最好不要使它的外形轮廓受到影响，因为造型本身已是良好的装饰。相反，对比例造型欠协调的门窗，我们既可以利用改变它们的材质透光性、花纹、肌理加以遮盖，又可以利用帘布、门框、窗间墙、窗台等统筹处理，加强统一协调感。

（二）商场室内柱子的装修

柱子在整个商场室内环境装修工程中的工程量虽不大，但却有着很重要的装饰作用，甚至可以成为室内空间中的点睛之笔，体现着商场室内营销空间环境装修的工艺技术水平（图 2–36）。柱体一般都处于商场室内营销空间显著位置，距人们的视线较近，而且与人们的视觉接触频繁，因此，要求柱子装饰造型准确，工艺处理精细，不少甚至超过一般墙面的装饰处理。

1. 柱子装修的功能

柱子是商场室内环境中的重要组成部分，除在建筑中承担结构荷载外，还起着分隔或扩大空间的作用。柱体应坚固、稳定、耐久。柱体饰面应起到保护柱体的作用。通常柱面经过装饰变得平整、光滑，不仅便于清扫和保持卫生，而且可以增加光线的反射。如采用镜面玻璃或抛光不锈钢装饰柱面，均能提高室内照度，保证人们在室内的正常工作和生活。此外，营销空间中体量较

图 2–36　柱子在整个商场室内环境装修工程中的工程量虽不大，但却有着很重要的作用，甚至可以成为点睛之笔，可体现出商场室内营销空间环境装修的工艺技术水平

大的柱体还可用来安装照明灯具、作商品陈列橱窗、柜橱及各种广告设施，围合形成商品经营空间等。

2. 柱子装修的类型

柱子装修的类型，按柱子所处位置可分为室外柱装饰、室内柱装饰；按其形状可分圆形柱装饰、方形柱装饰、椭圆形柱装饰、造型柱装饰、功能柱装饰等；按其受力情况可分为结构柱装饰、非承重柱装饰和功能柱装饰等；按柱体结构可以分为木结构、钢木混合结构以及钢架铺钢丝网水泥结构等；按柱面，装饰施工工艺可划分为抹灰类饰面、裱糊类饰面装饰、贴面类饰面装饰；按柱面基层材料可划分为混凝土柱体饰面装饰、砖柱饰面装饰、石膏板饰面装饰等。

3. 柱子装修的方法

商场室内营销环境中的柱子装修的方法，主要是针对营销空间环境的特点，采取对各种大小尺度不一、柱距不同的立柱进行设计，使之满足不同空间的功能要求及各种购物环境气氛的需要。

对营销空间中柱子进行恰如其分的设计与装饰，可以调节室内空间功能的效用，理顺商品陈列的关系，展示商品自身的价值；同时还可烘托购物环境气氛，使之符合现代社会经济日益增长的需要及现代人的消费心理和审美观念的变化（图 2–37）。

从柱子装修的设计方法来看，包括两个方面的内容，其中造型设计包括了空间组织和商品展示的造型，其形式有：

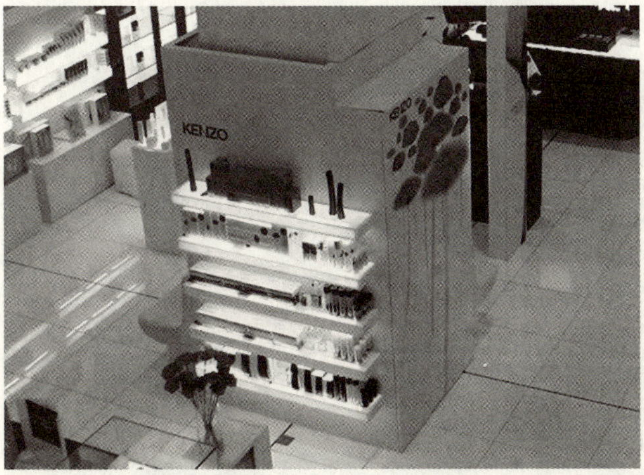

图 2–37　商场室内营销环境中柱子的装修，主要是针对其营销空间环境的特点，对大小尺度不一、柱距不同的立柱进行设计，使之满足不同空间的功能要求及各种购物环境气氛的需要

封闭式——由柜台和后面的展柜（展墙）组成，设计方法有：

（1）岛式与单柱：适于大柱距室内空间布局；

（2）条式与双柱：适于一般柱距室内空间布局；

（3）圆式与多柱：适于密集柱距室内空间布局。

开架式——由室内空间中的立柱为尺度衡量标准进行规划布局，设计方法有：

（1）陈列式与柱看齐：货架（台、柜）的排列是以立柱为基准，作购物空间、通道的划分。

（2）围合式与柱限定：货架（台、柜）的围合是以立柱为界定，如作购物空间、通道的组织。

（3）卫星式与柱中心：卫星式是指在整体布局中的又一中心。货架（台、柜）的卫星空间组织是以立柱为中心作为购物空间、通道的组合。

而装饰设计则是烘托购物环境的气氛的关键，有以柱子装修为对象的形体塑造，如：现代柱式造型与仿古典柱式造型在环境气氛上给人的感觉不同。前者体现现代科技的发达；后者则体现了具有传统气息的现代风格。有以柱子装修表面维护为目的的，由于柱面使用材料不同，其效果（或气氛）也有所不同。并且运用艺术中残缺美的处理手法对不同材料进行综合运用，还可以假柱达到乱真的效果。

从柱子装修的造型与材料关系来看，随着科学技术的进步，商品经济的发展，还会有更多、更好、且更经济的材料出现，从而更加丰富我们商场的环境气氛。

（三）商场室内隔断的装修

隔断是具有一定功能或装饰作用的建筑配件，对空间限定的程度比较小，且拆装灵活性，是建筑中不起承重作用的构件设施（图 2–38）。

1. 隔断装修的功能

隔断是商场室内营销环境中分隔空间的重要因素。它可以是隔墙、栏杆、构件、罩面，展示道具与绿化小品等。隔断装修的功能主要是起遮挡视线的作用，它可以不做到顶，也可以做到顶。商场中不少灵活隔断还可以随意活动，以临时围合或室内分隔空间。

图 2–38　对商场室内营销空间中，隔断是具有一定功能或装饰作用的建筑配件，对空间限定的程度比较小，且拆装灵活性，是商场室内营销空间中不起承重作用的构件设施

2. 隔断装修的类型

商场室内环境中隔断装修的类型从限定程度来分，有空透式隔断和隔墙式隔断（含玻璃隔断）。从隔断的固定方式来分，则有固定式隔断和移动式隔断。从隔断开闭方式考虑，移动式隔断又有折叠式、直滑式、拼装式以及双面硬质折叠式、软质折叠等种类。从材料角度来分，则有竹木隔断、玻璃隔断、金属及混凝土花格等。另外，还有诸如硬质隔断与软质隔断，家具式隔断与屏风式隔断等。按隔断的外部形式和构造方式来分，则有通透式、移动式、屏风式、帷幕式和家具式等类型。

3. 隔断装修的特征

通透式隔断——主要用于分隔和沟通在功能上既需隔离又需保持一定联系的两个相邻空间；用于分隔和沟通室内空间与室外空间以及用于分隔和沟通开敞式空间。若从形式上看，通透式隔断有花格、落地罩、飞罩、隔扇和博古架。从所用材料上看，有木制、竹制、水泥制品、玻璃及金属制品等形式（图 2–39）。

移动式隔断——由于它可以随意打开或闭合，能使相邻的空间独立与合并。故这种隔断使用灵活，在关闭时，也能起到限定空间、隔声和遮挡

图 2–39　商场室内营销空间中多采用通透式隔断的形式，以使顾客对商场经营的商品一目了然

视线的作用。移动式隔断的形式很多，按其启闭的方式可分为拼装式、直滑式、折叠式、卷帘式和起落式。而依据隔扇（板）的收藏方式又可分为一侧收拢或两侧收拢，明置式收拢和隐蔽式收拢等形式。

屏风式隔断——主要是在一定程度上起到限定和遮挡视线的作用。屏风式隔断的目的包括两个方面，一是对大空间进行分隔，从而满足功能分区的要求；二是对空间进行再限定，从而满足人们活动时私密性方面的心理需求。从设置的角度来看，其特点一是多数不做到顶；二是启闭灵活，安装方便，使用上具有多种功能。屏风式隔断的种类很多，按其安装架立方式的不同可分为三类：固定式屏风隔断、独立式屏风隔断和联立式屏风隔断。

帷幕式隔断——其特点在于占使用面积少，能够满足遮挡视线的功能，且使用方便，便于更新。帷幕式隔断可分为两大类：一类是用棉、麻、丝织品或人造革等制成的软质帷幕隔断；第二类帷幕是用竹片、金属片等条状硬质材料制成的。其固定方法也有两种，一种是直接用螺钉或钢丝等将轨道固定在平顶上，另一种是用吊杆将轨道吊在半空中。此外，也有将轨道固定在墙上的做法，轨道断面呈管形，此时可不设滑轮，而将吊钩的上端直接搭在轨道上。

家具式隔断——它能巧妙地把分隔空间的功能与贮存物品的功能结合起来，既节约空间，又节省造价，既提高了空间组合的灵活性，又使家具与室内空间相协调。

家具式隔断的构造在高度上应根据人体尺度划分层次，以便分类存放物品。长宽尺寸上要相互协调，还应考虑单面贮存、双面贮存以及纵横布置等要求。总之，要与室内设计的各个方面求得统一。

第三节　展示陈设

商品展示陈设是商场室内营销环境设计中的重要组成部分。它主要是通过视觉传达设计的作用，结合商品同顾客间的交流，把商品正确而有效地介绍给顾客的一种表现方法。其展示陈列的形式主要包括汇集、开放、重点、搭配及样品陈列等。设计的内容包括营销环境的色彩、照明、陈列、门面与导向等。

一、色彩设计

在商场室内环境装饰中，室内环境色彩设计也是一个重要的内容（图 2-40）。一个良好的商场室内环境设计，　除了应在空间划分、材料使用等方面下工夫外，还应结合商场营销环境的性质，对室内营销空间界面进行周密细致色彩设计装饰，以形成生动鲜明的室内环境色彩艺术效果。

（一）室内环境色彩设计的作用

色彩在商场室内环境的设计中是十分重要的，它是创造良好的商场环境必不可少的条件，对形成优美的环境气氛有很大的关系（图 2-41）。因此，应积极应用色彩调节技术，根据色彩的生理心理效果，结合定性和定量的方法进行设计，以提高其环境的舒适性。

首先商场内部空间是否富丽堂皇、艳丽多彩或简洁纯朴、淡雅清新，不仅与其家具、陈设的多少与款式有关，而且还与墙面、地面与顶面的色彩，以及家具、陈设、织物与灯光的色彩相关。

其次，商场室内设计涉及空间处理、家具设备、照明灯具等各个层面的设计内容，最终都要以形态和色彩的具体设计而为人们所感知。然而形态再好，若没有好的色彩来表现也难以给人们有美的感受。反之，空间形式、家具与设备的某些欠

图 2-40　在商场室内环境装饰中，室内环境色彩设计也是一个重要的内容

图 2-41　色彩在商场室内环境的设计中是十分重要的，它是创造良好的商场环境必不可少的条件，对形成优美的环境气氛有很大的关系

缺却可通过色彩的处理来弥补及掩盖。

再者，色彩还能影响人们在室内空间环境中的情绪，不同的色调可以产生出不同的色彩效果来；

此外，色彩还具有标志作用，并主要体现在安全标志、管道识别、空间导向、空间识别等。色彩在环境设计中的调节作用，主要表现在对空间与光线两个方面，所用手法可综合前面提到的各种办法。其调节的目的就在于能使人们在内部空间中获得安全、舒适与美的享受。

（二）室内环境色彩设计的原则

进行商场室内环境色彩设计的原则主要包括以下几个方面的内容：

1. 充分考虑功能要求

由于色彩具有明显的生理与心理效果，能直接影响到人们的生活、生产、工作与学习。因此，在进行商场室内环境色彩设计时，应首先考虑功能上的影响，并力争体现与功能相应的性格和特点。具体地说在设计上应从这样几点入手（图 2-42）：

首先要认真分析商场室内空间环境的性质和用途，并且还要处理好整个营销环境的色彩关系；其次要认真分析人们感知色彩的过程，以便能给人们带来一个具有审美感受的商场内部营销空间环境；再者还要注意适应商场室内空间环境的改变而变化，以使其室内空间环境色彩设计更加科学化与艺术化，在处理手法上显得更加轻松与自在。

2. 发挥色彩美化功能

要充分发挥商场室内环境色彩的美化功能，且其室内环境色彩的配置必须符合形式美学法则，正

图 2-42　进行商场室内环境色彩设计时，应首先考虑功能上的影响，以发挥色彩的美化功能，处理好统一与变化的关系，密切结合建筑材料来体现商场室内环境色彩设计的性格和特点

确处理与协调好对比与和谐、主景与背景及基调与点缀等色彩之间的关系。

（1）定好基调

色彩基调很像是乐曲中的主旋律，它是由画面中最大、人们注视得最多的色块决定的。一般地说，商场室内环境空间中的顶面、墙面、地面、大的窗帘、床罩与台布的色彩都能构成营销空间环境色彩的基调。

（2）处理好统一与变化的关系

从整体上看，商场室内环境空间中的顶面、墙面、地面等可以成为家具、陈设与人物的背景；从局部看，台布、沙发又可能成为插花、靠垫的背景。因此，在进行商场室内环境色彩设计时，一定要弄清它们之间的关系，使所有的色彩部件都能构成一个层次清楚、主次分明、彼此衬托的有机体。

（3）注意体现稳定感与平衡感

商场室内环境色彩在一般情况下应该是和谐与稳定的，中低明度与中低纯度的色彩以及无彩色系列色彩就具有这样的特征。如上轻下重的色彩关系具有稳定感，也容易产生平衡的因素。

（4）注意体现韵律感与节奏感

商场室内环境色彩的起伏变化要有规律性，以形成韵律和节奏。为此，在设计中要恰当地处理门窗与墙、柱、窗帘及周围部件的色彩关系，有规律地布置商场室内环境中的展示陈列设备，有规律地运用室内装饰陈设艺术作品等，以使其环境能产生韵律感与节奏感来。

3. 密切结合建筑材料

商场室内环境色彩的设计需要解决色彩效果与材料之间的关系，即：色彩能用不同质感的材料，就将有不同的色彩效果展现出来；另外就是如何充分运用材料的本色，使商场室内环境色彩的设计能够更加自然、清新和丰富。

4. 努力改善空间效果

商场室内空间环境的形式与色彩关系是相辅相成的。一方面由于空间形式是先于色彩设计而确定的，它是配色的基础；另一方面由于色彩具有一定的物理效果，又可以在一定程度上改变其空间形式的尺度与比例关系。色彩在改善商场室内空间效果方面的作用很大，这主要是靠色彩的物理与心理效果共同获取的。

5. 注重民族、地区及气候条件的影响

对于不同的人种、民族来说，由于地理环境的不同、历史沿革不同、文化传统不同，其审美要求也不尽相同，使用色彩的习惯往往也就存在着很大的差异，这个特点在商场室内环境色彩设计中也有反映。同时，注重对商场室内环境色彩中民族、地区及气候条件差异的设计，也是商场环境中，色彩个性与差异形成的关键，是需要在具体设计中努力挖掘的环境色彩设计源泉。

（三）商场室内环境色彩设计的特征

在商场室内空间环境设计中，并没有一个固定的色彩使用规则，其室内环境色彩设计应该根据商场室内空间的类型、陈列商品的类型和特点以及自然灯光及人工照明的方向、质量来考虑颜色的使用效果。首先需考虑商场室内空间的功能要求，并考虑与环境相协调的原则。同时，还应定好室内营销空间的基本色调及重点用色，然后才考虑细部用色，各部分的色彩变化应服从于基本色调的安排（图 2–43）。

1. 室内环境色彩应依据商场经营特色和空间用途设计

从使用功能出发，对经营不同商品的界面其色彩（墙面、顶面与地面等色彩）均应做到有所区别，营销空间内的柜橱、货架、壁柜、组合橱柜等陈设色彩也应有所不同。诸如使用功能不同的营销空间，其功能特性可通过不同的色彩处理来表现。像经营服饰、化妆用品的营销空间，环境色彩宜鲜艳亮丽；而像工艺用品、珠宝首饰、钟表等经营高档精致的商品应采用柔和、淡雅、宁静的湖绿、浅蓝、淡绿、浅黄等色彩，以体现出各自的经营特色和空间用途。

2. 室内环境色彩应依据商场大小及顾客的心理要求设计

室内环境色彩应依据商场的大小来设计。由于色彩具有扩张感和收缩感的特点，故大的商场可以采用具有收缩感的室内环境色彩，如冷色与深色色调；小的商场则可以采用具有扩张感的室内环境色彩，如暖色与浅色色调，从而在顾客的

图 2–43　在商场室内空间环境设计中，其室内环境色彩设计应该根据其空间的类型、陈列商品的类型和特点以及自然灯光及人工照明的方向、质量来考虑颜色的使用效果。需考虑商场室内空间的功能要求与环境相协调的原则。同时，还应定好室内营销空间的基本色调及重点用色，然后才考虑细部用色，各部分的色彩变化应服从于基本色调的安排

心理方面为其带来平衡、稳定的视觉印象。另外，表面积大的营销空间界面装饰色彩最好使用淡而非饱和的颜色，而表面积小的陈设物体的色彩最好使用饱和的颜色。

3. 室内环境色彩应依据商场服务对象的年龄和性格来设计

不同年龄和性格的顾客对室内环境色彩的选择有着明显的差异。诸如经营妇女儿童用品的商店、玩具商店等可选择纯度较高的鲜艳色彩，其斑斓的色彩可使其营销空间富有生动活泼的效果。经营中青年妇女用品的商店，色彩宜设计成鲜艳、明快的浅色；经营中老年商品的商店，则以柔和、静谧和低明度的色彩为主，以使其营销空间显得庄重与沉稳。

4. 商场室内环境色彩应注意设计的关系

由于室内空间主要由墙面、顶棚与地面围合，所占面积较大，在室内环境色彩设计关系的处理上，这些地方宜作为基调色。同时，为了取得高效率的室内照明效果，顶棚通常是用白色或浅淡色彩，其他部位如墙面、地面、家具、陈设等物体的表面多用有色系色彩。此外，若商场室内空间小，这些部分的色彩宜与墙面色彩相接近，使其色彩能融入到墙面色彩之中，形成更大范围的背景色彩，从而扩大商场的空间感。若商场室内空间大，可突出这些部分的色彩，增加其鲜艳程度，从而削弱商场空间的空旷感。而商场室内空间中装饰商品之陈设和广告的色彩，则应起到烘托主要商品的作用。并注意务必使色彩与装饰它的背景色彩有明显的反差，不能让它隐没在室内环境色彩的海洋中。

5. 商场室内环境色彩应注意对比关系的运用

在商场环境中需要运用色彩对比关系来对商品陈列进行强调，以取得醒目活跃的空间效果。只是营销空间环境中主要色调的变化不能太突然，而应采用过渡与微差的设计处理手法，如应用两三种调和的色彩起到微差的变化就可使整个环境产生比较柔和、舒适的印象。这是因为营销空间环境中色调相同或相似的两种色彩看起来更为和谐。

此外在商场中，环境色彩的使用必须与展示的商品紧密相关；例如跳动的颜色可能适合于流行时装店，却不适合用在食品店。超过一层的商场环境在垂直交通区，如楼梯、自动扶梯和电梯核心区，可以通过使用同一种颜色将它们联系在

一起，以提供楼层之间环境色彩的连续性。

上述商场室内环境色彩设计特征对营销空间环境气氛的形成起着重要作用，利用环境色彩的物理、生理和心理功能上的感受及社会习俗、历史积淀等人文因素对商场的环境色彩进行处理，对增强商场室内空间及商品展示陈设的感染力显然是具有重要意义。

二、照明设计

在商场室内环境设计中，营销空间环境的照明设计也是一项主要的内容，其目的主要是为人们提供良好的光照条件，以获得最佳的视觉效果，并使建筑室内环境具有某种气氛与意境，直至增强建筑室内环境的美感与舒适感（图 2–44）。

（一）商场室内环境照明的要求

1. 室内照明光源的种类和特点

商场室内照明光源有多种，不同发光原理的光源在色温及决定被照物体颜色的显色性能方面各有其特性。选择光源时应根据室内空间和商品的特点，注重光源的色温、显色性能、高效、耐用、安全等因素（图 2–45）。不同种类的光源发光原理各有不同，现分述如下：

（1）白炽灯

白炽灯的价格便宜，灯具种类多，显色指数好，但效率较低。它具有加强红色、橘红色和黄色的

图 2–44　在商场室内环境设计中，照明设计也是一项主要的内容，其目的主要是为营销活动提供良好的光照条件，以获得最佳的视觉效果，并使建筑室内环境具有某种气氛与意境，直至增强营销环境的美感与舒适感

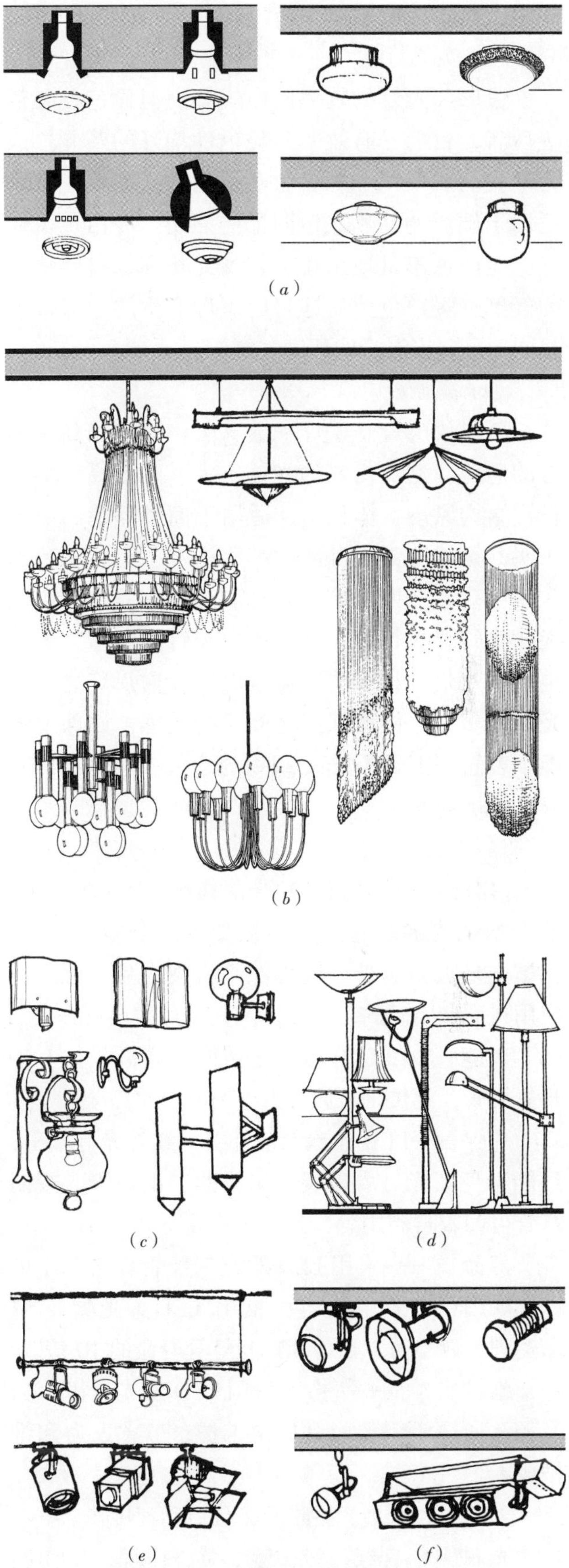

图 2–45　商场室内环境照明的类型

（a）吸顶灯；（b）吊灯；（c）壁灯；（d）移动式灯具；（e）轨道灯；（f）射灯

作用，能使营业空间环境产生温暖、亲切的气氛。

（2）荧光灯

管形荧光灯的效率比白炽灯高但显色性要低于后者，目前已有效率与显色性均好的荧光灯成为优良的照明用光源。而漫射性的线型荧光灯则适用于硬质物品和成包商品的照明。冷白色荧光灯，能使色彩呈现出几乎与日光相同、自然清净的气氛。暖白色荧光灯与白炽灯产生的色彩效果相同，呈现出温暖的环境气氛。

（3）高强放电灯

高强放电灯是汞灯、金属卤化物灯和高压钠灯的总称。这类灯具的光输出大、光效高、寿命长、结构紧凑、体积小，适用于商场环境的内部照明，尤其在高顶棚的大空间中，更能发挥特长，常用于店堂照明的有荧光灯和金属钠盐灯。金属卤化物灯显色性好，光效比白炽灯高两倍，寿命也比白炽灯长得多。高强放电灯和白炽灯之类点光源的直射，能增强某些商品的质感，如珠宝的微小表面、银器的外形、织物的编织、地毯的绒毛、家具的雕刻等。

（4）LED 灯具

LED 灯具是由超导发光晶体组合而成的高亮度新型电光源。它发出的热量少，节能、环保，已被全球公认为新一代环保高科技产品，可广泛应用在商业空间的灯光设计。其特点主要有：

节能——LED 灯具电光转换效率高，如 LED 日光灯管，比传统日光灯省电 80%~85%。

环保——LED 光源无紫外线、红外光等辐射，且能避免荧光灯管破裂溢出汞的二次污染，废旧灯管可回收再利用。

寿命长——采用 LED 发光二极管为光源（可以选取用草帽头、食人鱼、贴片 LED 为光源），寿命达到 5 万小时，是传统日光灯管寿命的 10 倍。

维护成本低——由于采用 LED 发光二极管为光源，所以不需要经常更换维护，节省人力和维护成本。

无叠影，不会产生眩晕；且启动速度快。

光源颜色有红、绿、蓝、黄、白等，工作温度 -20℃ -+85℃，工作湿度 10%~95%。

此外，普通照明设备还有金属格栅灯、日光灯、节能筒灯、有机灯片、反光灯带等。格栅灯可保证光能的充分利用，但显得简陋，装饰效果不强；直接使用日光灯，易产生眩光且易积灰；筒灯一般只用作重点照明。

2. 商业空间室内照明的照度

照度首要条件是应保证使消费者看清商品。商品的可辨认程度与商品的尺寸及其与背景的对比度有关，同时应满足消费者在生理和心理上的舒适度，足够的照度使营业厅显得宽敞明亮，提高环境质量。不同的商品，不同的功能空间对照度的要求有所不同，一般小件精致的商品照度值要求较高，大件商品的照度值可略降低，对于服装陈列空间，照度则要求较高以便于充分展示服装的色彩、材质和款式。进深大的营业厅堂应加强厅内深处的照度以吸引消费者。若厅内平均照度为 L，则商店营业部分照度大致分配比例为：

店面照度 1.5~2L；橱窗≈ 2~4L；深处陈列橱 2~3L；柜台≈ 2~4L；重点商品、重点陈列照度≈ 3~5L；一般陈列架、陈列台照度≈ 1.5~2L。

商场室内空间照度的要求见书中第六章附件《商场设计照明标准》。

3. 商业空间室内照明灯具的选择

商场室内照明的灯具，大致可分为外露光源和隐蔽光源两种。外露光源的灯具一般都以荧光灯为主，并配以各种装饰性的吸顶灯、吊灯、壁灯等。它的亮度比较均匀，并有一点眩光。正是这些光斑和眩光对人眼的激励，加上灯具的造型，能给人一种明亮华丽的感觉。而隐蔽光源的灯具则是以点源灯为主，并配以光带、光檐和发光顶棚等，创造一种舒适、优雅、宁静悦目的气氛。

室内大面积的照明，宜采用光色柔和、照度较高的荧光灯，配以白炽灯和投影灯等。在建筑的重点部位，应设置装饰性强的灯具，如吸顶灯、吊灯等，以创造良好的室内环境和突出商店的特色。而在休息厅、过道、电梯间等场所则宜采用隐蔽光源的点源灯、光带或壁灯等，其照度可以略低一些，这样可以创造一种幽雅宁静的气氛，与明亮的营业厅形成强烈对比。

照明设计应力求形成格调，灯具布置以简朴的造型为主。在需要重点装饰的场合才选用华丽的灯具，以突出重点，形成对比。相反，如果随意布置豪华灯具，则会造成繁杂零乱的感觉。灯具类型、光色与室内环境应有机结合，不能过分突出灯具而喧宾夺主。

灯具的选择既要统一又要有所变化，同一空间内不宜采用品种过多的同类灯具，而应该有一个主调。

（二）商场室内环境照明设计的特点

照明环境设计首先应以人为本，创造良好、舒适的照明环境，满足顾客的要求，尽量减少由于不合理的照明给人带来的生理和心理上的疲劳和不适，并巧妙地通过照明的手段，将商品的特征、性能充分地展现出来，使顾客易于了解商品，并能产生兴趣和信赖。因此，照明设计必须与空间布局、商品构成、陈列方式相匹配，同时，也要与风格表现、气氛烘托相融合，并尽量考虑节能、降低成本、便于操作和维修等因素。其设计师也必须了解灯具的照明特点以及商场的照明艺术处理原则等。而商场室内空间的照明环境重点部位与空间界面的设计包括其入口、橱窗、陈列架与柜台，均必须结合其规模、性质、造型特点和销售内容等来确定照明方式。

1. 商场室内空间入口的照明

商场外部照明是吸引与引导顾客的重要一环。店面、店标、店门等部位的入口照明设计，应体现该商场的经营特点，并充分展示其艺术风格。为此可在重要的地方设置醒目的和装饰用的灯具，利用彩色灯光及光源进行装饰；并将重点部分，如招牌、标志、铭牌等用灯箱的方法来设计，或用自动调光装置，使照明不断变化（图 2–46）。

同时，为使过路的顾客对商店有强烈的印象，正面应采用明亮的照明。主入口处的地面或墙面可以做成明暗相间的图案，以表现韵律感。其墙面照度要均匀而明亮，并把入口作为第二橱窗来考虑，强调商品的立体感、光泽感、材料质感和色彩感。

为了避免眩光，在适当加大照度的同时，要注意灯具安放的隐蔽性；闪动式照明可结合店名、店标或简洁的图案设置，起到画龙点睛的作用；避免过于耀眼刺激的闪光光源，掌握好既悦目又令人舒畅的分寸。应当指出，商店入口的照明效果宜与店内部的光亮相调和，入口太亮，会使人产生店内阴暗的不良感觉。通过以上的方法，使外立面更醒目，并将该商店的特点充分地表现出来，以让人一目了然，过目不忘。

2. 商场室内营销空间的照明

（1）室内营销空间照明亮度的配置

营销空间的照明要使顾客能很快地知道各售货柜台的位置，并使顾客能顺利走动，选购所需的商品，因此，除按不同售货处以光线划分其区域外，在考虑店内亮度配置时，尽量避免单调均一、而在不同的位置使用不同的亮度，以提高商品的展示效果。

不同行业的店内亮度配置是不相同的，图 2–47

图 2–46　商场室内空间入口的照明应体现该其商场经营的特点，并充分展示其艺术风格

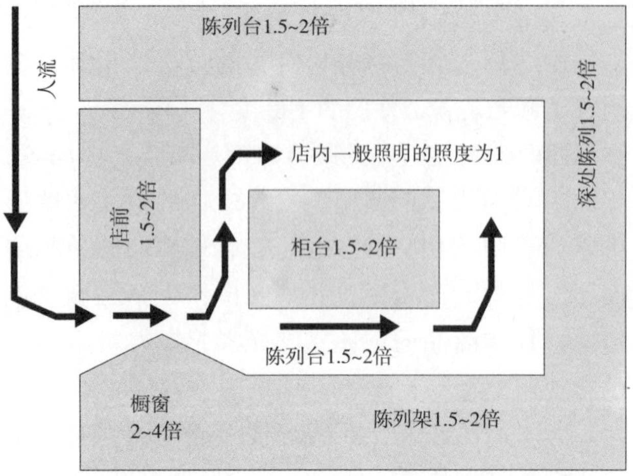

图 2–47 商场室内空间常见的照度分配比例关系

表示一般百货商店的照度分配比例关系。

（2）室内营销空间照明的方式

室内营销空间照明包括一般照明、局部照明和装饰照明三种。

一般照明是店内全面的基本照明，重点在于与局部照明的亮度有适当的比例，给店内形成一种风格。这种照明不但要重视水平面的亮度，也要重视垂直面的亮度。它适合使用比较均匀全面的照明灯具。一般照明，常采用荧光灯作为光源。由于布灯方案的不同，视觉效果也有差别。

室内营销空间营业区与主通道顶面照明应具有不同的特色，以其特征来起标志作用。不同营业柜可用不同光色、不同亮度、不同布置等方式来加以区别。不同售货场地的顶棚、柱子的装修也不相同，照明设计应与其统一考虑，有所区别。

室内营销空间内墙应有较高的亮度，以使商品更加醒目，可采用荧光灯的墙壁照明方式。

局部照明是对主要商品及其场所进行重点照明，目的在于增强对顾客的吸引力。其亮度为一般照明的 3~5 倍，根据商品种类、形状、大小和陈列方式而定，并采用方向性强的灯具以加强商品的质感和立体感。

装饰照明是作为商店内的装饰，表现空间层次而使用的照明。为使光线更加悦目，可使用装饰性吊灯、壁灯、挂灯等图案统一的系列灯具，使商店的形象统一化，更好地表现具有强烈个性的空间艺术。值得注意的是，装饰为目的照明灯具不能兼作一般照明或局部照明之用，这样才不会影响商品的陈列效果。

（3）室内营销空间顶面照明的形式

商场室内空间顶面的照明设计往往将光源或灯具结合在一起，以达到与建筑室内环境统一的效果，并维护室内装饰的整体性；同时，由于光源比较隐蔽，可以避免眩光，从而形成良好的光照环境。常见的有发光顶棚、光带、发光灯槽和光栅照明等形式（图 2–48）。

发光顶棚——其做法是在吊顶采用透光材料并在内部设置光源。发光顶棚吊顶内的光源应排列均匀，并保持合理的间距。发光顶棚的优点是使空间内能获得均匀的照度，减少或消除室内的阴影，使整个空间开阔、敞亮。由于荧光灯具有较高的光效，故发光顶棚内的光源一般选用荧光灯。发光顶棚表面材料可选用格栅型构件或漫射

图 2–48 商场室内空间顶面照明的形式

性透光板，如有机板、磨砂玻璃等。发光顶棚的亮度一般不宜过大，以避免眩光现象。发光顶棚面积不应过大，最好与其他照明方式结合设计，以避免产生单调、缺乏立体感。

光带——它是发光顶棚的一种。其形式和形状多样，可以组合出各种造型和图案，装饰性极强。表面可以用格栅、透光板，也可以不加遮挡。光带的照明有区域性，所以可以根据空间的使用特点设置，如在办公区域，可按办公桌的位置设置；在商业空间，可以根据货柜的位置设置，其光源多用荧光灯。

发光灯槽——其做法是利用建筑结构或室内装修对光源进行遮挡，使光投向上方或侧方，并通过反射光，使室内得到照明。由于是间接照明，故能得到柔和、均匀的光环境。通过发光灯槽的处理，会使顶部更具有层次感。同时顶棚被照亮，会使整个空间有增高的错觉。发光灯槽可以是一层，也可以是多层，主要起装饰作用，不作为营销空间主要照明，所以在选用光源时，不应采用过大功率的光源。发光灯槽多设置在室内吊顶上，也可以在墙面上运用。在墙面设置发光灯槽要注意光源的位置，避免光源暴露。

由于在顶部采用发光灯槽会使吊顶局部降低，因此，采用发光灯槽的条件是室内空间较高，同时，为了避免光源暴露在人的视觉范围之内，应使发光灯槽内的光源与槽边保持200~300mm的距离，发光灯槽的内壁要进行增强光的反射处理，并避免吊顶内部结构外露。此外，应考虑发光灯槽距顶部的距离，距离大则被照射的顶面积就越大，反之则越小。发光灯槽所采用的光源多为荧光灯，但为达到特殊的艺术效果也可用白炽灯、霓虹灯及发光二极管等其他灯具。

（三）商场室内陈列道具的照明

陈列道具包括陈列橱架、展柜、展台照明。

1. 营销空间中陈列橱架照明

商品陈列橱架应根据橱架上陈列的商品，结合销售安排，采用不同照明方式。重点商品必须给以足够的亮度，因此使用定点照明灯，使商品更加引人注目，如图2–49所示。若给整个陈列面明亮照明时，使用均匀配光的聚光灯。如果需要特别突出某一部分，则应采用集光度高的聚光灯进行照明。

2. 营销空间中陈列柜台照明

商品陈列柜台照明灯具的设置原则上应装设在顾客不能直接看到的地方。手表、金银首饰、珠宝等贵重商品需要装设重点光源。为了强调商品的光泽而需要强光时，可利用定点照明或吊灯照明方式。照明灯光要求能照射到陈列柜的下部。对于较高的陈列柜，有时下部照度不够，可以在柜的中部装设荧光灯或聚光灯。商品陈列柜的基本照明手法有以下四种（图2–50）：

（1）柜角的照明

柜角的照明是在柜内拐角外安装照明灯具，为了避免灯光直接照射顾客，灯罩的大小尺寸要选配适当。

图2–49　商场室内空间中陈列橱架照明的形式

图 2-50　商场室内空间中陈列柜台照明的形式

（2）底灯式照明

对于贵重工艺品和高级化妆品，可在陈列柜的底部装设荧光灯管，利用穿透光有效地表现商品的形状和色彩，如果同时使用定点照明，可增加照明效果，显示商品的价值。

（3）混合式照明

对于较高的商品陈列柜，如果仅在上部用荧光灯照明，有时下部亮度不够，则可增加聚光灯作为补充，使灯光直接照射底部。

（4）下部照式照明

当陈列柜不便装设照明灯具时，可在顶棚上设定点照射的下投式照明装置。此时为了不使强烈的反射光耀眼，给顾客带来不适，难于看清商品等，应该结合陈列柜高度、顶棚高度和顾客站立位置等，正确选定下投式灯具的安装高度和照射方向。

为了使店内陈列的商品看起来美观，还应该考虑一般照明和重点照明亮度的比例，使之取得平衡。重点照明时，必须把垂直面照得明亮。

（四）商场室内照明的环境气氛创造

商场室内环境照明的形式多种多样，其环境气氛的设计，应与商品的类型、陈列方式以及室内设计总体意图相结合。

1. 光源与环境气氛

不同的光源与环境气氛有很大关系，例如，在出售手表、宝石、金银首饰等地方，为了表现商品价值与光泽，可以设置定点照明或吊灯照明。这时，吊灯的位置应靠近柜台前沿，避免玻璃面反映灯具而看不清柜台的商品。为了表现商品的透明感、轻快感，可以采用透过玻璃隔板从下方照射的办法，使其照明光源能与亲切的环境气氛相协调。而自选营销空间，应具有较亮的照度，并采用鲜艳或者较刺激的色彩来振奋顾客的精神，这种气氛设计需要调动一切物质条件和设计手段来进行创造，如灯光的配合、材料的运用、空间组合的收放、音响效果的渲染和色彩的陪衬等等。

同时，还应根据商场室内气氛烘托的要求，确定各个区域光源的光色及其组合。与颜色一样，光色对室内气氛的创造起着决定性的作用，而光源的光色又与光源的色温相关。一般来说，色温低的光源如红光、黄光等，会使商店内有一种稳定、温暖的感觉；随着色温升高，逐渐呈现出白色乃至蓝色，使室内气氛变得爽快、清凉。

2. 避免眩光的干扰

在商场室内环境中，眩光对形成良好的营销环境影响很大。因为商品种类繁多，需要利用照明以突出重点，表现各自不同商品的特质，这就带来了不同光源、不同照射角度和表现形式的照明方式。如何避免眩光，创造舒适的购物环境是商业照明中重要的一个课题，它将直接影响整个商业环境的质量。

为创造商场室内舒适的照明环境，减少顾客的视觉疲劳，可以采用眩光小的一般照明，并尽量采用眩光少的灯具，如用格栅灯或反射光槽等方法来遮挡光源。还应注意布光均匀；此外，不要用装饰灯具兼作一般照明和重点照明。一般情况下，亮度高的光源在视线附近时，容易发生不舒适的感觉，从而降低视力，长时间会使眼睛疲劳，所以更要注意对光源的遮挡。

同时，提高商场室内墙面照度，使营销空间有明亮的感觉，或采用背景照明方式，以使商品照射得更加明亮，并且还需避免顶棚面与柜台光线的反差过大。

3. 营销空间中商品照明的色彩表现

（1）商品照明的色彩表现

光源的光色和显色性对商业气氛和商品的特性等有很大的影响，在特定光源下商品具有的色彩效果，是表现商品特性必须考虑的问题。而营销空间中的商业照明设计原则之一，是将商品的特性充分表现出来，并能够强化它的这种特性，正确地表现商品的固有色彩（图 2-51）。

为了充分展示商品的特性，应从营销空间中商品的色彩、质感、立体感等艺术表现的角度，进一步调整和确定所采用的光源，并选择适合其业务种类和商品的光源，同时，还要依靠光源的光色，使商品的形象得到有效衬托。

为了创造商业空间清洁、明亮、沉静的空间感觉，应选用冷色系即 5000K 以上的灯光，如蓝色、绿色等作为基调色；若想要造成温暖、欢快的感觉，则用白炽灯和低色温的荧光灯比较适合。

同时，商品材质及其质感的表现，是引起顾客兴趣与好奇的重要手段。这就要求在照明设计时，应把商品材质的特性与光源光质的特性密切结合起来考虑，并根据商品的特点，选择特定的灯具，鲜明地表现商品的特定色彩。

此外，还可以通过具有一定光色的光源，强化商品的色泽。例如，对于玻璃器皿、宝石、贵金属等商品的照明，应采用高亮度光源。对于布匹、服装、

图 2-51 在商场室内营销空间照明中，光源的光色和显色性对商业气氛和商品的特性等有很大的影响，在特定光源下将商品特性表现出来，以体现出商品的固有色彩特性与立体感来

化妆品等商品的照明，宜采用高显色性光源，并且一般照明和局部照明所产生的照度不宜低于500lx。对于肉类、海鲜、菜果等商品的照明，则宜采用红色光谱较多、或用带有红色灯罩的聚光灯、吊灯等，使之反映新鲜的感觉，以增加顾客购买欲。

而指向性强的光，其光线向一个方向直射，落到物体表面后也以同一方向反射，这种光源在照射商品时会产生明显的阴影，可以较好地表现它们的光泽，适于照射金属或陶瓷制品等。荧光灯等发出的光线较柔和，扩散性强，落到物体表面后向不同方向反射，不易产生阴影，被照射的商品给人以实在、稳重的感觉，适于服饰、衣料之类的质地表现。

（2）商品立体感的表现

对于众多的商品来说，恰当地表现立体感，可以增强商品的吸引力。因此，正确地运用光源在商品物件上所产生的阴影，是表现立体感的一个重要手段。

为了达到这一目的，首先应恰当地确定物体两侧的明暗的差别，当反差小时，阴影不明显，物体表现为平扁状；反差大时，阴影过重影响空间的气氛。一般将两侧照度之差调整为1∶3至1∶5的范围时，可取得最佳立体感的表现效果。同时，应恰当地确定光线投射的方向，尤其是在使用聚光灯表现模特儿和雕像等物体的立体感，投射光应从斜上方照射，才能获得自然的表情，若从下向上投射，则会产生凝重而反常的阴影效果。为获取聚光灯最大亮度的效果，可以采用与垂线夹角为35°的投射角度，这时，被照射的物件在人的视线方向上所呈现的亮度最大，其立体感也表现得最为清楚。

上述因素对营销空间气氛的形成起着重大的作用。利用光的物理功能、人们对光的生理和心理上的感受及社会习俗、历史积淀等人文因素对色彩的既定概念激起人们感情上的联想，能使商场室内环境照明的气氛更具艺术感染力。

三、陈列设计

展示陈列主要是通过视觉传达设计的作用，结合商品同顾客间的交流，把商品正确而有效地介绍给顾客的一种表现方法。展示陈列的形式主要包括汇集、开放、重点、搭配及样品陈列等，展示陈列的手段主要可归纳为橱窗、道具与空间展示陈列三类：

（一）橱窗的展示陈列

橱窗的展示陈列是诱导顾客的关键所在，设计时需首先确定陈列的主题，然后选定适宜的形式进行布置，要使橱窗内商品的质感、光感与色彩成功地反映出来，且立体感强，并将新颖、生动的商品形象展现在顾客眼前。橱窗陈列可分为动态与静态、具象与抽象、调和与对比、变形与夸张等方式，也可组织生活场景介绍某种商业文化、宣传新的生活方式，还可追求刺激的形象，以获得独特的艺术效果，其最终目的都是为了诱导顾客。创立独特的商业形象（图2–52）。

（二）道具的展示陈列

道具的展示陈列是商品展示陈列的一种方式。展示陈列中要注意道具的尺度、顾客与商品的可视距离，以及商品陈列的角度与数量等问题。同时陈列要做到整洁、饱满、美观，要突出商品的流行性与时代感，并明码标价、合理配置商品的陪衬物品等。而商品展示陈列可供利用的道具主要包括柜橱、台桌、层板、地台、吊管、挂钩、构架、铁网、花车、模特、冷柜、水箱等，设计与制作中要考虑其大小、高低、承荷、组合、配套、便于装配、调整及取放商品等因素（图2–53）。

图2–52　橱窗展示陈列是诱导顾客的关键所在，设计时需首先确定陈列的主题，并选定适宜的形式进行布置，要使橱窗内的商品具有立体感，能生动地展现在顾客眼前

图 2–53　道具展示陈列是商场室内环境中商品展示陈列的一种方式。设计应注意道具的尺度、顾客与商品的可视距离，以及商品陈列的角度与数量等问题

（三）空间的展示陈列

空间的展示陈列，是将商品置于购物空间内，供顾客直接挑选的一种展示陈列方式。陈列中要注意商品与空间环境的关系，要使商品的形与色同空间陈列的背景有所区别，如家具、车辆、服装及部分大件家电等商品均可运用这种陈列方法（图 2–54）。

图 2–54　空间展示陈列是将商品置于购物空间内，供顾客直接挑选的一种展示陈列方式，陈列中要注意商品与空间环境的关系，要使商品的形与色同空间陈列的背景有所区别

无论哪种展示陈列方式，均要求有良好的照明条件，没有眩光，光色与光质效果良好，这是因为灯光可以渲染陈列的气氛，以达到促销商品的目的。

四、门面设计

（一）商场门面设计的意义和作用

门面设计是商场带给顾客和市民的第一印象，通过门面的造型、色彩、材质与照明方面的处理，运用店面招牌、牌匾、广告、橱窗等向市民和顾客发出本店经营的特色和销售服务内容等重要信息，将切合商场的经营服务范围和最适宜消费的市民和顾客吸引到商店里来，使其产生来店观光、购物的欲望和兴趣。

作为商场的门面设计，应利用其界面来创造美好生动的企业形象，使之能在市民和顾客的脑海中留下强烈而鲜明的印象。如图所示，上海亨达利钟表商店店面夜景清晰，具有动人的美感。

今天，门面设计已经成为商业营销企业增强同行竞争力，招徕顾客，扩大市场销售的重要手段。如何巧妙利用顾客和市民对其门面产生新奇之感，在不知不觉中使行走于外的市民成为进店观光购物之顾客，已成许多商场进行门面装饰设计出发点或追求目标之一。商场门面设计包括其入口与走道，招牌与店徽，广告与招牌，店面橱窗与柜台，采光照明与色彩，绿化与和环境，雕塑和造型等各个方面的设计（图 2–55）。

门面设计往往具有多方面的作用。首先，通过门面的装饰设计可以使人们对商业营销企业的类型、经营的商品种类有一个明晰的认识；其次，有特点的门面的装饰设计能够给顾客以新鲜活泼的感受，吸引更多的“潜在顾客”步入其内寻求自己所需要的商品，这也是门面装饰设计努力追求与实现的目标。

另外，门面设计是其营销环境最重要的广告手段之一，无论是店面橱窗和柜台、招贴、灯箱和POP广告都是极为重要及有效的商业广告形式。商场的门面还具有引导顾客进出方向，疏散顾客流量，避免商场入口拥挤的作用。并且各种金属卷帘、栅栏、金属门网都是其营销环境安全、防盗方面的重要器件，均具有保卫营销环境安全的功能作用。

（二）门面设计的要点

成功的门面设计一般应遵循以下几点（图 2–56），即：

图 2-55 商场的门面设计已经成为商业营销企业增强同行竞争力，招徕顾客，扩大市场销售的重要手段。如何巧妙利用顾客和市民对其商场的门面产生新奇之感，在不知不觉中使行走于外的市民成为进店观光购物之顾客，已成许多商场进行门面装饰设计出发点或追求目标之一

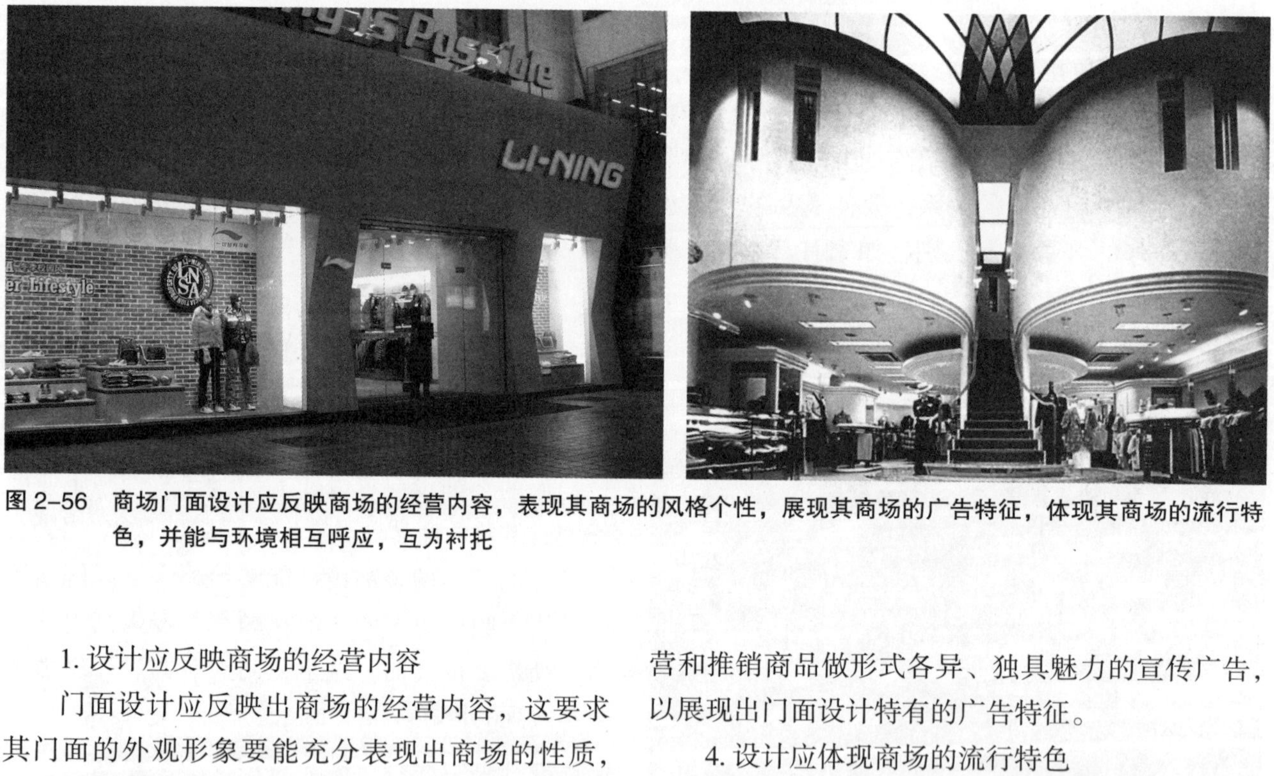

图 2-56 商场门面设计应反映商场的经营内容，表现其商场的风格个性，展现其商场的广告特征，体现其商场的流行特色，并能与环境相互呼应，互为衬托

1. 设计应反映商场的经营内容

门面设计应反映出商场的经营内容，这要求其门面的外观形象要能充分表现出商场的性质，以使顾客能够一目了然。此外，门面设计还要反映商场的经营特色，如是经营服装、家电的营销环境，还是经营文具、食品等商品的营销环境。

2. 设计应表现商场的风格个性

门面设计应表现出商场与众不同的风格个性，要敢于创新，善于运用各种富有个性的形象和文字寓意来表现商场的设计风格与个性。

3. 设计应展现商场的广告特征

门面设计应展现商场的经营内容，扩大其知名度。为此可利用店招、橱窗与照明为商场的经营和推销商品做形式各异、独具魅力的宣传广告，以展现出门面设计特有的广告特征。

4. 设计应体现商场的流行特色

门面设计应体现商场的流行特色，在进行门面设计时，要从顾客消费心理因素考虑，注意随着时间的变化，人们审美观念的改变也会影响到门面设计形式的变化，应根据流行的趋向对门面设计做相应的改变。

5. 设计应与环境相互呼应，互为衬托

门面设计应与商场周围的环境完美地结合，在设计时应将门面和商场纳入一个整体来考虑，以达到与周围的环境和谐相处，同时做到既有变化，又互为衬托。另外在商场周围，尤其在门面入口处布置些绿化装饰，给商场和所在街区创造清洁优美环境，以吸引更多市民与游客光顾，还可使其营销环境周围充满绿色的生机。

（三）门面设计的手法

商场门面的设计是其营销企业总体形象中极为重要的部位，是人们对商场产生第一印象的地方，也是商场内部空间序列的序曲，无论从建筑的使用功能还是造型要素来看，如何设计突出的商场门面，是整个商场设计成败的关键，其设计手法归纳如下（图 2–57）：

1. 应运用夸张的尺度

为强调商场的门面形象，其主要出入口常采用超常尺度，以夸大入口外形突出门面形象。诸如有用二层、三层甚至四层的高度来强化入口，使之显得高大宏伟，具有其标志性，从而达到招揽顾客的目的。

2. 采用过渡空间

为强调门面形象，在商场的主要出入口采用局部的凸出凹进及增设虚拟空间的处理手法。

3. 改变门面色彩与材质

为强调门面形象，在商场的主要出入口采用改变上部色彩及材质也是常用手法。

4. 改变门面周围环境的处理手法

可利用商场周围环境，增辟门前广场、设置水池、门灯、雕塑等建筑外部环境设施，也可利用入口踏步标高的不同，来烘托大门的高度，达到突出门面形象的目的。

5. 直接利用商品陈列的处理手法

通过直接陈列商品实物和经销商品广告来突出门面形象，在橱窗内利用商品陈列反映其经营特色。

6. 应用招牌与招幌的处理手法

许多商场在门面形象的装饰中，为了营造经营特色，常常应用一些极有特点的门前招牌、牌匾和招幌以反映经营类别和特色，以达到吸引顾客，突出营销个性的设计意图。

图 2–57　门面设计手法举例

诸如这般，在门面形象塑造中，还有许多突出营销特色的设计处理手法，需要在设计发展演变中努力发掘，从而能塑造出有时代感的商场门面形象来（图 2–58）。

五、导向设计

（一）导向设计的作用

导向设计中的识别标识是用图形符号表示规则的一种方法，它用一目了然的图形符号、通俗易懂的方式表达、传递有关规则的信息，而不依赖于语言、文字（图 2–59）。其作用主要表现在以下这些方面：

1. 识别

指其能够为人们对空间环境的识别起到导向作用。

2. 诱导

指其在商场中从一个空间依次走向另一个空间起到诱导的作用。

图 2–58　在门面形象塑造中，还有许多突出营销特色的设计处理手法，需要在设计发展演变中努力发掘，从而能塑造出有时代感的商场门面形象来

图 2–59　导向设计是商场形象塑造中，引导顾客完成各项活动的最佳助手。是商场营销环境最具个性特色的设计处理手法

3. 禁止

指其在商场中起到制止或不准许某种行动发生的作用。

4. 提醒

指其能够为人们某种行为起到提醒的作用。

5. 指示

指其为人们起到空间环境方向的指示作用。

6. 说明

指其能够为人们对某种不了解的事物起到说明与解释的作用。

7. 警告

指其预防可能发生的危险，以起到预先警告的作用。

（二）商场导向设计的类型与形式

1. 导向设计的类型

就导向设计来看，其类型若从环境空间位置来分则有外部导向与内部导向之分。它们具体为：

（1）内部导向

商场内部环境，是人们集聚的直接场地，顾客从事的大量有关商业性活动均在此进行。购物中心和室内商业店街的出现，既丰富了商场也增加了顾客对于其环境的认知难度。集购物中心、百货商场、娱乐场所、办公大楼、观光旅馆、饮食店街等为一体的商业店街，尽管服务项目应有尽有，顾客可以充分享受这一现代文明所带来的快乐与便利。但也无过多闲暇去一饱览这多姿景色。直接、快速、准确地到达自己所希望的目的地是相当一部分顾客的愿望。因此，在完成外部导向的基础上，更合理地满足内部导向则是取得整个商业营销活动最佳结果的理想途径。

商场的内部导向主要包括以下内容（图 2–60），即：

入口导向——包括总体及各个楼层商品营销区位导引、门店招牌、服务设施、经营时间，活动项目，餐饮介绍与展示陈列等；

垂直导向——包括电梯升降表示、楼层显示、扶梯显示、安全防护提示等；

水平导向——包括卖场配置介绍、特卖活动导行、商品专柜导行、专营分店导行，电梯、自动扶梯导行，非常出口导行，服务、收银指引，休息、电话、银行、洗手间、吸烟区、文娱活动、消防系统指示等；

图 2–60　商场内部环境是人们集聚的直接场地，顾客从事的大量有关商业性活动均在此进行。其导向设计具有极为重要的指引作用

另外还有供内部环境中车辆行驶指南用的出入口表示，高度限制、车辆出入警告系统，外部导引、空位、满位表示，车位号码、行人注意、缴费处等的内部导向识别标识图形设计。

（2）外部导向

城市商业经营环境十分复杂，各类店铺林立，为招引顾客竞相使出绝招。纷繁夺目的广告媒体、宣传招贴、气球旗帜应有尽有。人们要从形形色色的外部空间去认识判定某个商场所拥有的整体功能和内部特性实属难事。创造一个自己特色的店铺外部导向系统，给人以特定的信息刺激，以突出自身形象。这种外部导向，不仅可以引导人们的行动方向，还与其达到情感的初步沟通。

商场的外部导向至关重要，主要包括以下内容（图 2–61），即：

商场建筑物的标志、店标、店名、店招、幌子突出型招牌，旗帜、横幅、广告彩旗，POP 广告、活动介绍，停车、交通引导，空位、满位标示，商品类别、餐饮、休闲、娱乐介绍等；另外还有后场的货物搬入口和防灾的禁止吸烟、禁止进入、避难场所等的外部导向识别标识图形等。

2. 商场导向设计的形式

导向设置形式有悬挂式、立地式、壁挂式、屋顶式等，以适应不同视点的需要（图 2–62）。

（1）悬挂式

指在大中型商场空间中悬挂在顶棚上的各类导向识别标识，这种设置形式的特点为醒目，并非常方便于识别。

（2）立地式

指在商场空间中利用各种材料与处理手法制作而立于地面的导向识别标识，其造型形式各异，种类丰富。

（3）壁挂式

指利用墙面贴挂的各类导向识别标识，它是室内空间环境中导向识别标识最主要的设置形式之一。

（4）屋顶式

指商场外部设置于屋顶的各类导向识别标识，其目的在于为室外的人群起到诱导和导向的作用，通常这类导向识别标识可做得形象独特，极具个性特色。

图 2-61　商场外部环境导向系统，能给人以特定的信息刺激以突出商场自身形象，不仅可以引导人们步入商场，还可与其达到情感的初步沟通

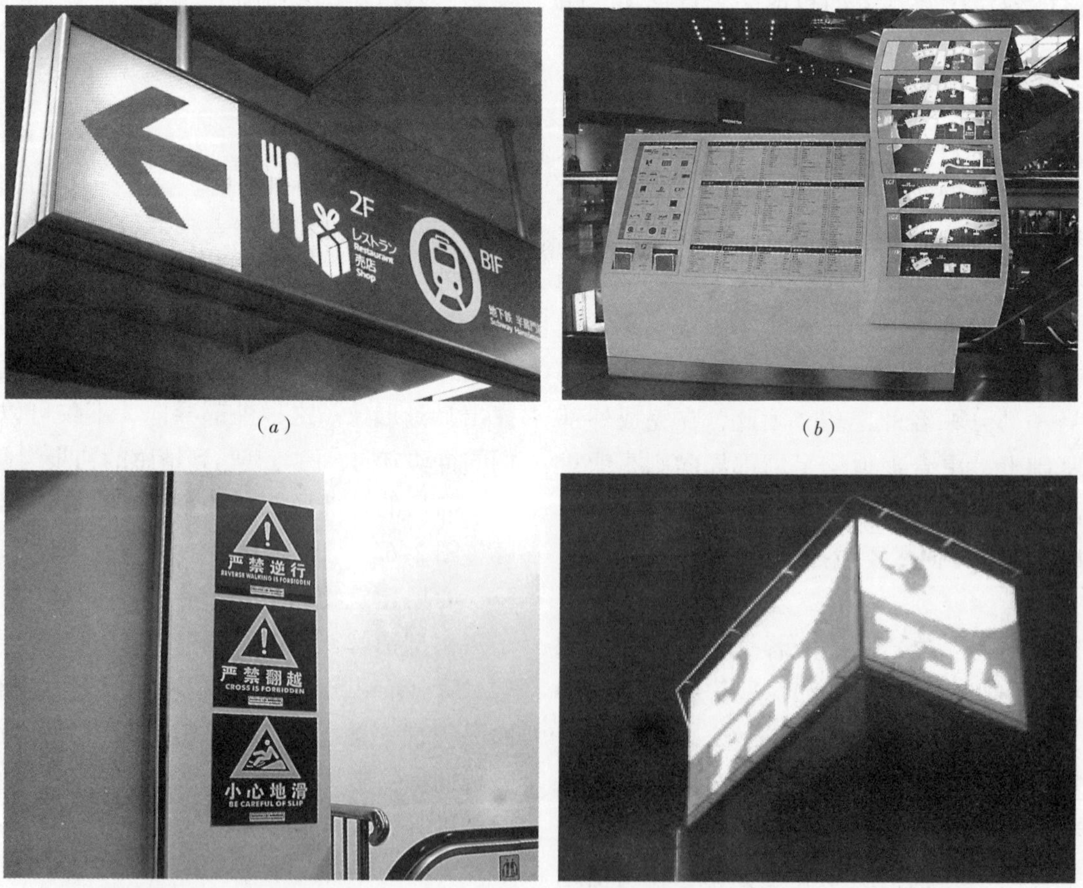

（a）　（b）

（c）　（d）

图 2-62　商场导向设计的形式

（a）悬挂式；（b）立地式；（c）壁挂式；（d）屋顶式

（三）导向设计的要点与方法

1. 导向设计的要点

导向识别图形必须让所有人群都能够了解与识别，从而才有可能在其营销环境发挥出应有的作用（图 2–63），图形符号设计中需要遵循下列几点，即：

（1）准确性

指识别图形、符号、文字、色彩的含义必须

图 2–63　导向识别图形必须具有准确、清晰、规范、独特与美观的特性，以让所有人群都能够了解与识别，从而才有可能在其营销环境发挥出应有的作用

精确不会产生歧义。它要典型化，要抓住事物的特征，如出售冷饮的位置多用冷色，出售热饮的地方要用暖色等。

（2）清晰性

要求识别标识的图形符号要简洁、色彩明朗，尤其是在视觉环境纷乱的地方。其方法是运用对比的原则，以繁衬简，以灰衬亮。

（3）规范性

识别标识的图形符号，其文字要规范，不用白字、淘汰字，不用冷僻字，不用非标准符号。此外识别标识的图形、位置、色彩必须规范标准，即用标准的图形，标准的色彩，标准的排列、标准的文字字形、标准的位置来统一单位内众多的识别标识图形，从而形成强烈的识别形象。

（4）独特性

是指识别标识图形符号的设置方法及设计形象的独特。设置方法有贴、立、挂，平面、立体，雕塑、蜡像，电子屏幕显示等；在识别标识图形符号设计方面也要有个性特点，以便于与他人的区别。独特的形象与设置方式还便于给顾客留下深刻的印象，并有助于树立室内公共环境场所的形象特征。

（5）美观性

是指视觉识别图形符号形象的美，亲切、可爱，动人、悦目。只有美的形象才能使来宾与客人由衷地产生轻松自然的情绪，这种情绪无论对工作、购物、办事、旅游等都会带来莫大的好处。同时，美也有利于改善视觉环境的质量，给人以文明、现代的感觉。

总之，好的识别标识图形符号设计是一种有形、无人、无声而规范的室内公共环境管理方法，运用和推广这种有效的管理方法无疑有助于提高效率，井然秩序，并达到增进安全，改善环境的目的。

2. 室内识别标识的设计的方法

商场导向识别标识图形符号的设计、绘制和制作方法必须符合规范要求，一般常用的方法为方格绘制法。不像其他标志精细绘制那样复杂。绘制网格时也应用尽量少的格数，以求统一和减少繁琐程序。遇到曲线时应尽量使用圆规。这在设计识别标识图形时就应充分考虑到，以便于放大的准确（图 2–64）。

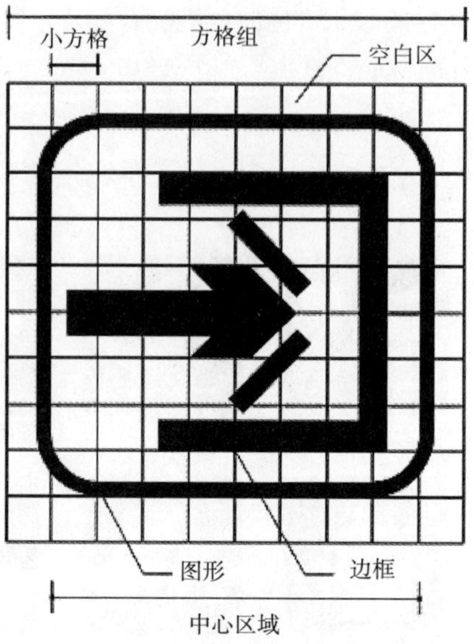

图 2–64　室内识别标识设计的方格作图方法

商场导向系统中识别标识图形的使用项目繁多，使用场合各异。为了能准确地使用识别标识图形而不至于走形，在设计中一般是设计成各种尺寸，以提供选择使用方面的便利。但上述方式一般适合较小的标志使用，而在招牌、标志牌、建筑外观等大型应用设计的场合，必须重新手工制作。因此，识别标识图形的作图法便成为大型标志复制的依据和标准。

识别标识图形符号作图法的重点是将其标识图形符号、线条规定成标准的尺度，便于正确复制和再现。其标准的作图方法包括方格作图法和几何作图法，前者是在正方形的格子线上绘制标志图形，以说明线条的宽度和空间位置关系。方格可以由设计者自己按标识图案线条的比例尺寸自行设计绘制，也可以选用印刷好的工程绘图用纸来设计绘制；后者是用几何作图法等分圆周和线段，可求得任何所需几何形标志图形。

3. 供残疾人识别的无障碍设计标志

在安全出口、通道、专用空间位置处应设国际通用标志牌以指示方向（图 2–65）。标志牌是尺寸为 0.10~0.45m 的正方形，其上有白色轮椅图案，黑色衬底或相反，轮椅面向右侧。加文字或方向说明时，其颜色应与衬底形成鲜明对比。所示方向为左行时，轮椅面向左侧。

图 2–65　在商场建筑内外环境设立供残疾人识别的无障碍标志及配套设施，体现出全社会的关心和爱护

第三章　商场室内空间设计

商场室内各个部分可细分为营销空间、交通空间、展示空间、休闲空间、辅助空间等。其中营销环境是整个商场室内空间环境的核心，也是其空间最基本的功能，为保证正常的商业秩序及满足顾客心理、生理上的需求，营销环境空间还具有临时贮藏、交通、商品展示、休闲、服务等功能。

第一节　营销空间设计

（一）营销空间中经营商品分类

营销空间是指商场中用于顾客购买各种商品的经营场所，不同的商品，其经营场所也不相同。商场营销空间经营的商品按其在卖场中的分布通常可归为以下几个大类：

日用百货类——主要包括美容化妆品、玻璃陶瓷、塑料制品，清洁卫生、厨房盥洗与居家用品等；

主副食品类——主要包括烟酒、茶叶、罐头、肉食、饮料、糕点、各类小食品、冷冻食品等；

医药保健类——主要包括西药、中药、保健品与医疗器械等；

文化体育类——主要包括文化用品、体育器具、图书、乐器、钟表、眼镜、照相器材、通信器材、品牌电脑等；

纺织皮具类——主要包括布皮、绸缎、呢绒、毛线、内衣、袜子、床上用品及各类皮具、箱包等；

服装鞋帽类——主要包括时装、男装、女装、中老年服装及男女鞋帽等；

儿童用品类——主要包括儿童玩具、儿童用具、儿童服饰及儿童鞋帽等；

五金交电类——主要包括五金交电、自行车、摩托车、缝纫机、家用电器、机械用具、消防器材等；

家装饰品类——主要包括家具、灯具、家装成品与陈列饰品等；

工艺美术类——主要包括金银首饰、雕刻、漆器、料器、刺绣、编织物、民间与特种工艺品等。

不同的商业营销环境，其购物空间规模不同，经营的商品种类也有差异。另外，商业营销环境的市场定位不同，营销的商品种类也不相同。

（二）营销空间中商品布置要点

为便于经营管理，方便顾客购物，提高营销环境面积的使用率，卖场空间中的商品布置应注意以下几个要点（图 3–1）：

（1）依据卖场空间规模上的不同，可将营销环境中性质相近的商品划分为若干商品部或柜组；

（2）顾客在卖场空间中对商品挑选的程度有所不同，可按其挑选程度和商品特点来布置商品部或柜组，以利于管理及挑选环境的合理布置；

（3）应将交易次数多、销售量大、季节性强与流行特性明显的商品布置在顾客容易发现的位置，并均匀分布卖场空间中的顾客人流，以提高营销环境面积的使用效率；

（4）针对商品的不同特性及安全保管条件，合理布置商品柜架，易燃商品应单独放置，加强营销环境中的安全保管措施；

（5）将具有诱人魅力、外观新颖、色彩丰富、陈列效果良好的商品布置在突出位置，以增强营销环境琳琅满目、富丽堂皇之感，并使卖场空间产生良好的视觉效果。

（三）营销空间中商品布置原则

为便于经营管理，方便顾客选购，提高营业面积使用率，商品布置应遵循以下原则：

图 3–1　商场营销空间中商品布置应依据卖场空间的规模分组，并按商品特点来布置柜组，需注意商品的不同特性及安全保管条件。将季节性强与流行特性明显的商品布置在顾客容易发现的位置，以使卖场空间能够产生良好的视觉效果

（1）卖场空间内的流线组织应使顾客方便地挑选商品，其水平流线应通过通道宽幅的变化、与出入口的对位关系、垂直交通工具的设置、地面材料组合等，区分顾客主要流线与次要流线。

（2）卖场空间内每层营业环境面积宜控制在 2000m^2 左右，并不宜大于防火分区最大允许建筑面积，进深宜控制在 40m 左右；当营业环境面积或进深很大时，宜用隔断分割成若干专卖单元，或采用室内商业街方式进行设计，并需加强营业环境的导向设计。此外，大中型商场营销环境应按其面积的 1% ~1.4%设顾客休息场所；应在二楼及二楼以上设顾客洗手间，并按规范设供残疾顾客使用的卫生设施。

（3）卖场空间的顾客出入门应与橱窗、广告、灯光统一设计，并宜在营销环境设置隔热、保温和遮阳、防雨、除尘等设施。营销环境应尽量利用天然采光，不宜使用彩色玻璃窗，以免造成商品颜色的失真。

（4）卖场空间内利用柜台分隔商品营销区域所形成的通道，应尽可能形成合理的环路流动形式，并能为顾客提供明确的流动方向和购物目标的指示。卖场空间与商品库房之间应保持最短距离，以便及时补充商品，且方便管理。

（四）营销空间的布置形式

商场营销空间的布置形式与商店的经营策略、管理方式、空间形状和所处环境、采光通风的状况及商品布置的艺术造型等有关。柜架的设置应

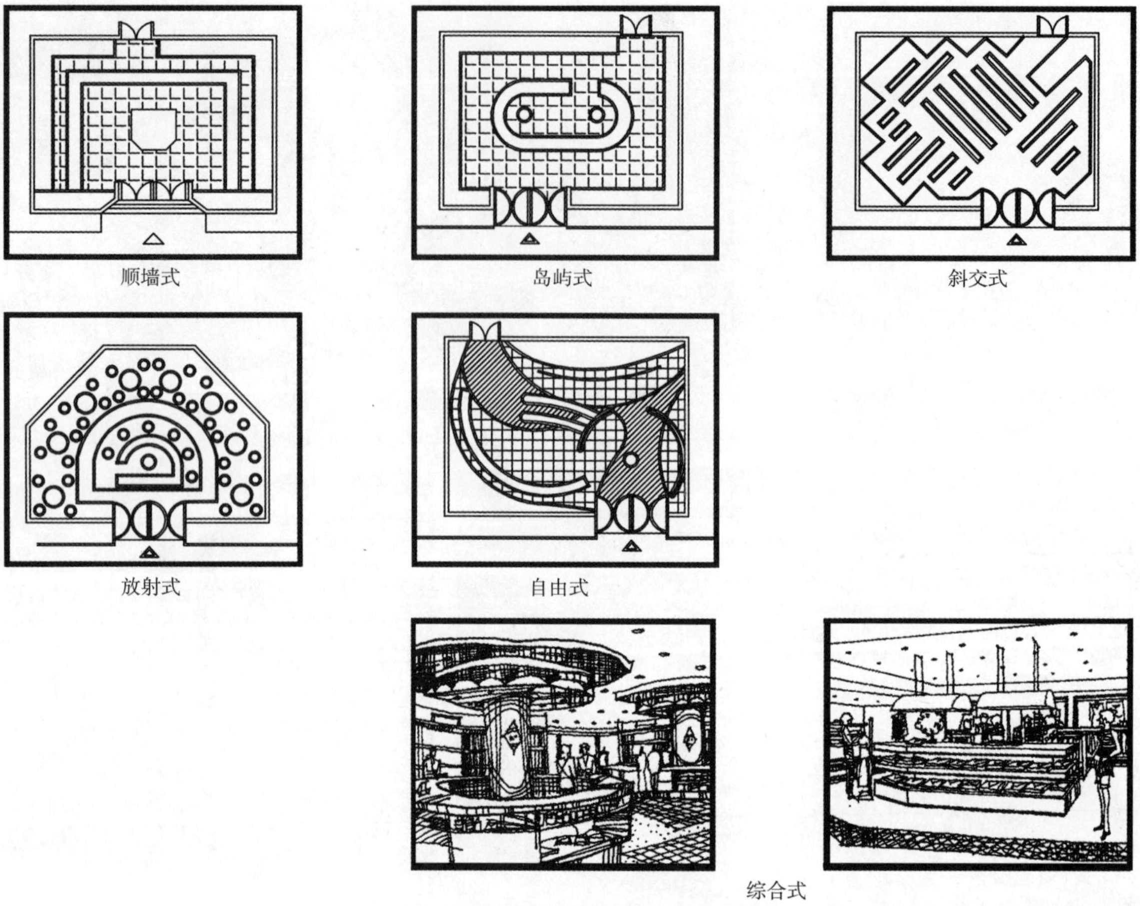

图 3–2 商场营销空间的布置形式

使顾客流线通畅，便于浏览与选购，使营业员工作方便快捷，和提高货架的利用率。售货现场有以下几种常见的布置形式（图 3–2）:

1. 顺墙式

柜架、货架顺墙排列，又分为沿墙式和离墙式布置。其中：

（1）沿墙式——柜台连续较长，节省营业员人数，但高货架不利于高下侧窗的开启，不便于采光通风，在无集中空调的寒冷地区不利于设置暖气片。

（2）离墙式——货架与墙之间可作为散仓，要求有足够的柱网尺寸，但占用营业厅面积多，不经济。

2. 岛屿式

营业员工作空间四周用柜台围成闭合式，中央设置货架形成岛屿状布置，常与柱子相结合，又分为单柱岛屿式、双柱岛屿式及半岛式。其中半岛式又分为沿墙式和离墙式两种形式。岛屿式有正方形、长方形、圆形、三角形、菱形、六角形、八角形等多种形式。

3. 斜交式

柜台、货架与柱网轴线成斜角布置。斜线具有动感，斜交式的布置方式吸引顾客不断沿斜线方向进行，形成深远的视觉效果，利于商品销售。空间既有变化又有规律性，形象更加生动，入口与主通道联系更为直接，方向感强，减少入口人流的淤堵。对商场来讲，采用此种布置方式较便于管理。斜交式通常以 45° 布置，这样可避免货柜相交处出现锐角的情形。窄长的小营销空间可用此种布置方式产生拓宽空间、减少狭长感的效果。

4. 放射式

柜架围绕客流交通枢纽呈放射式布置。交通联系便捷，通道主次分明。各商品柜组应注意小环境的创造，以突出商品特色，避免单一布置形式带来的单调感。

5. 自由式

柜架随人流走向和密度变化及商品部划分呈有规律性的灵活布置，使得空间产生轻松愉快的气氛，但应避免杂乱感，在统一的环境基调下自由布置。

6. 综合式

采用综合式布置形式可更充分灵活地合理利用空间，空间富于变化，增加了趣味性，给顾客以新鲜感，从而增加购买欲。设计时应考虑影响售货现场布置形式的各主要因素，分析空间特点，充分利用空间，并注重功能要求，综合运用多种布置形式，创造出符合商场特性的理想经营环境来。

（五）商场营销空间的具体设计

1. 营销策划及其环境设计

所谓营销策划，是随着商品市场竞争日趋激烈，商业建筑室内环境艺术设计逐步从“向顾客展示、销售商品的场所”这种简单的概念中解脱出来，逐步转向注重追求“是否更加吸引顾客关注商品、有利于促进商品销售”的商品营销战略（MD）。在商业建筑室内环境艺术设计前，首先要明确其营销环境的总体风格与发展方向等，也就是前面说到的“设计定位”。即在设计定位的基础上，研究商业营销环境的 MD，并确定其营销环境所需的面积及面积的配比关系。

MD 一般通过“营销环境面积”和“营业额”两项指标具体实现。对大型商业营销环境而言，除这两项指标外，还需要 MD 中的销售率（营业额／营销环境面积）和外销额（营销环境外的销售量）比重等因素，才能确定每一种商品的营销环境面积。

而对顾客进入商场营销环境后的印象进行调查可以发现，一般顾客对店内的通道形态几乎未留下什么印象，而仅记得商品种类、品牌名称以及富有特色的营销环境设计等。这样，首先应该制订一个突出商品，吸引、诱导顾客视觉的 MD 计划，即具有商品分类意义的计划流程；其次，还需要制订一个符合总体设计流程，充分利用照明和通道等因素，突出店内重点环境的“视觉经营规划”（VMD）模型，并根据 VMD 模型确定营销环境内外装饰的风格。其设计流程如（图 3-3）所示。

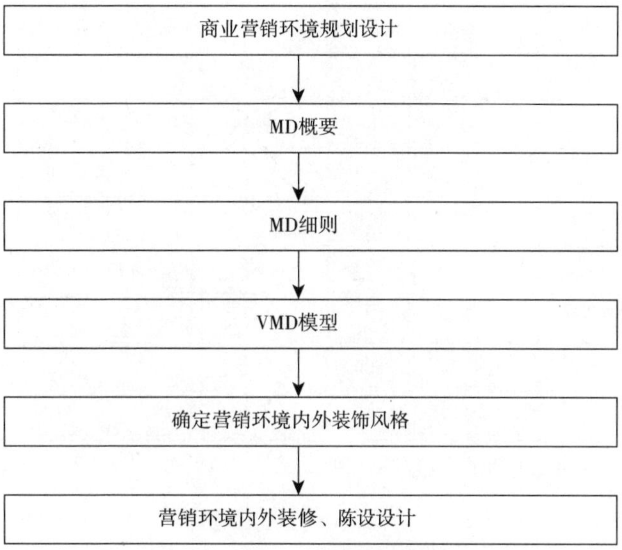

图 3-3　商场营销环境的设计流程图

（1）MD 的详细设计与营销环境内的流线组织规划。MD 详细设计一般由断面规划和平面规划构成（图 3-4）。它与以入口、电梯、自动扶梯等为核心的流线组织规划，同时入口向着营销环境的商品陈列和通道的形态与格局。

（2）营销环境的视觉设计模型。在商业营销环境中，根据所设想的顾客视线活动规律，在商品陈列区内可以作如下设定：吸引顾客目光的商品展示 A，商品集中陈列区 B，强调、突出 B 中某些特定商品的墙面陈列 C，根据 A、B、C 制订便于调整的平面和立体陈列规划，进行营销环境内外装修、陈列设计。

2. 营销空间的面级分配

商场的经营环境一般都是由数层组成，各层经营环境的分配与商场内的客流有密切关系。

商场层高的确定，与建筑物内部的灯具布置、吊顶以及空间、通风等有关，一般一层的层高要稍高一些，其他的则采用统一层高（表 3-1），各层经营环境的分配见表 3-2。

商场楼层层高表　　　　**表 3-1**

层 数	最低 (mm)	最高 (mm)
一层	4500	6000
标准层	3600	4500

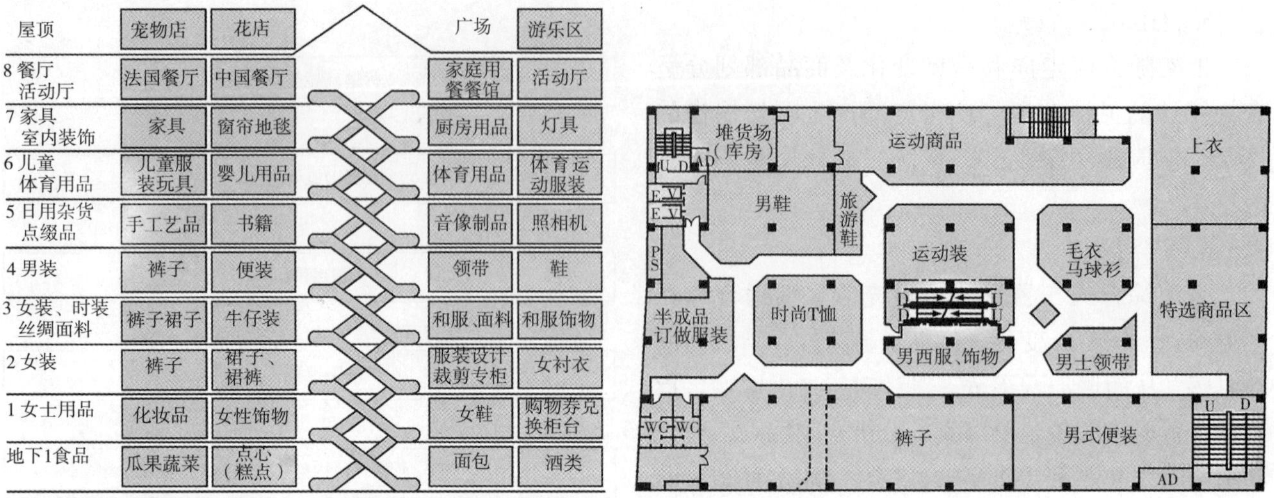

采用可以简单总揽全楼的断面图

（a） （b）

图 3-4 商场营销环境 MD 的详细设计范例

（a）断面规划；（b）平面规划

商场各层经营环境售货分类表 表 3-2

层 数	设计原则	售货分类
1	应保证客流的通畅，宜布置选择商品时间较短的轻便商品	化妆品、药品、服饰、手提包、鞋、伞、烟等
2、3	气氛要稳重，宜布置选择商品时间较长，价格较高而售出量最大的商品	男女服装、纺织品、服饰、日用品、钟表、首饰、家用电器
4、5	可分别布置多种专业性柜台	床上用品照相机、书籍、文具、眼镜运动器械、餐具、衣料等
6层以上	需要较大存放面积的商品	家庭用品、电器、乐器、工艺美术品、陶瓷、漆器、餐具等
地下室	顾客在商店内最后要买的商品	食品、厨房用品、土产等

3. 商场营销空间的商品布置

营销空间内各售货区面积可按不同商品种类和销售繁忙程度而定。营业面积指标可按平均每个售货岗位 15m² 计（含顾客占用部分），也可按每位顾客 1.35m² 计。但当营业厅内堆置大量商品时，应将指标计算以外的面积计入仓储部分。此外，随着商场定位的不同，其布置形式上也呈现出多元化的趋势。这里以日本伊势丹新宿店和广州王府井商场为例，其购物空间中商品的布置分别如表 3-3、表 3-4 所示。

日本伊势丹新宿店购物空间中各楼层主题与商品经营种类 表 3-3

楼层	主题	经营商品种类
R	顶部广场	游乐场、宠物商店、花店
8	美食街	西餐、中餐、日餐、茶室
7	珠宝工艺饰品	珠宝、手表、工艺美术品、婚庆场所
6	儿童用品	儿童服装、玩具、书籍、婴儿用品
5	家具、室内装饰	家具、地毯、窗帘、厨房用品、灯具
4	男装、运动休闲装	男休闲服饰、男鞋、领带、运动用品
3	女装服饰	女休闲装、套装、女衬衫
2	女装	时装、茶室
1	女性用品	化妆品、女鞋、书包、服饰品
B1	食品	国产与进口副食品、生鲜食品、糖果、面包

广州王府井商场卖场空间中各楼层主题与商品经营种类 表 3-4

楼 层	经营商品种类
七层	高档家具
六层	精品家电、音像制品、名牌时装
五层	国际名牌时装、精品皮具、皮鞋
四层	名牌套装、男女时装、休闲系列、衬衫名品、精品店廊、西点饮品
三层	钟表眼镜、针棉织品、妇女用品、床上用品、儿童用品、精品书刊、照明器材、黄金珠宝、工艺礼品
二层	办公用品、保健用品、家用电器、体育用品、茶艺乐园、箱包皮具、鞋帽精品
首层	烟酒茶、日用精品、金融服务、各类食品、中西成药、自选超市、冷热饮料、滋补食品、化妆用品、鲜花饰品

第二节　交通空间设计

商场内部的交通与流线组织紧密相关，室内空间的序列组织应清晰有秩序感，交通空间应连续顺畅，流线组织应明晰直达，并使顾客顺畅地浏览选购商品，迅速、安全地疏散。在满足正常经营秩序的需要外尚应考虑应急的消防、地震等安全疏散的要求。营业厅内的交通空间包括水平交通空间与垂直交通空间。水平交通是指同层内的通道，垂直交通是指不同标高空间的垂直联系，如楼梯、电梯和自动扶梯。它们都是引导顾客人流的重要功能构件（图 3–5）。在室内空间中主要通过柜架的布置划分水平交通空间，柜架的布置应形成合理的环路。垂直交通工具应与各层通道有便捷的联系，形成整体的交通组织，符合国家有关规范要求。

（一）顾客通道宽度

顾客通道是供顾客通行和挑选商品的场所，应有足够的宽度保证交通顺畅，便于疏散。但过宽的通道会造成面积的浪费。在封闭式营销方式中，两柜台间通道最小宽度 W 为：

$$W = 2\times 450+600\times N$$

顾客通道宽度示例见表 3–5。

顾客通道宽度示例见表　　表 3–5

种类	程度	一般商场通道宽度（mm）	百货商场通道宽度（mm）
主通道	大	800	1600
	中	100~1500~2000	1800~2200~3600
	小	3600	4500
次通道	大	600	1200
	中	750~900~1500	1500~1800~2100
	小	1500	2100

在全开敞和半开敞的营销方式中，买卖空间

图 3–5　商场营销环境中的水平交通空间与垂直交通空间

界线无明显划分，在一个主通道上可有多个单元出入口和通道与之连通，方向性人流没有封闭式营销方式中那样集中，其水平通道宽度除特殊情况外，可比封闭式通道稍窄，更拉近了顾客与商品的距离。营业厅内顾客通道最小净宽度见表 3–6。

普通营业厅内通道最小净宽表　　表 3–6

通道位置	最小净宽
通道在柜台与墙或陈列窗之间	2.20m
通道在两个平行柜台之间	
1. 柜台长度均小于 7.50m	2.20m
2. 一个柜台长度均小于 7.50m 另一个柜台长度为 7.50 ～ 15m	3.00m
3. 柜台长度均为 7.50 ～ 15m	3.70m
4. 柜台长度均大于 15m	4.00m
5. 通道一端设有楼梯	上、下两梯段之和加 1m
柜台边与开敞楼梯最近踏步间距离	4m，且不小于楼梯间净宽

注：1. 通道内如有陈设物时，通道最小净宽应增加该物宽度。
2. 无柜台售货区、小型营业厅依需要按本数字 20% 内酌减。

（二）营业厅的出入口与垂直交通

营业厅出入口与垂直交通对顾客流线的组织起着决定性的作用，设计时应考虑合理布置其位置，正确计算其总宽度及选择恰当的类型与形式。通道疏散口应有引导提示标志牌。

1. 出入口的位置、数量和形象

出入口位置的分布、数量和宽度的大小依人数多寡、流线走向分出主次，合理配置，保证顾客顺利进入营业厅，并均匀地疏散。商场单面、两面、三面、四面临街时出入口的位置应分布均匀并有足够的缓冲面积（图 3–6）。大中型商店建筑应有不少于两个面的出入口与城市道路相邻接，或基地不少于 1/4 的周边总长度和建筑物不少于两个出入口与一边城市道路相邻接。一般中型商店出入口应不少于两个，大型商店应在两个或两个方向以上开设不少于 3 个的出入口。营业厅的出入口、安全门净宽度不应小于 1.4m，并不应设置门槛。在空间处理上直接对外的顾客出入口应宽敞明亮，内外空间交融渗透，更好地吸引顾客进入商店浏览购物。顾客出入口应与橱窗、广告、灯光统一设计，并宜设置隔热、保温、遮阳、防雨、除尘等设施，与室外停车场及周围的环境应有良好的关系。

2. 垂直交通的联系方式及布置

垂直交通的联系方式一般有楼梯、电梯和自动扶梯，根据商店的规模可单独使用一种或几种共同使用，并应分布均匀，保证能迅速地运送和疏散顾客人流。主要楼梯、自动扶梯或电梯应设在靠近出入口的明显位置。商店竖向交通的方便程度对顾客的购物心理、购物行为和商店的经营有很大影响。

以楼梯解决顾客的竖向联系的，数量应不少于 2 个。每梯段净宽不应小于 1.4m，踏步高度不

图 3–6　商场营销环境中出入口与垂直交通的关系

应大于 0.16m，踏步宽度不应小于 0.28m。每梯段不超过 18 阶，不少于 3 阶，台阶高宽尺寸应相同。消防楼梯应符合防火规范。大型百货商店、商场建筑物营业层在五层以上时，宜设置直通屋顶平台的疏散楼梯间，且不少于 2 座。

营业层四层以上应设电梯，且与楼梯相邻。电梯前应留有足够的等候及交通面积，避免通过楼梯和电梯上下的人流交叉。较大的商场在中庭设置观景电梯作为辅助交通设施，增加了空间环境的动感（图 3–7）。

图 3–7　垂直交通是商场营销环境中保证顾客上下不同楼层的重要交通空间

自动扶梯能运载大量人流，且有引导人流的作用，常与商场内中庭相结合，且有一定的装饰效果，对大型商场是必不可少的。以自动扶梯为主，楼梯、电梯为辅将成为发展趋势。自动扶梯的常见配置方式一般有直列式、并列继续式、并列连续式及剪刀式（图 3–8）。自动扶梯上下两端应连接主通道，两端水平部分 3m 范围内不得兼作他用。当厅内只设单向自动扶梯时，附近应设与之相配合的楼梯。自动扶梯倾斜部分的水平夹角应等于或小于 30°。自动扶梯的水平部分底部和下层楼

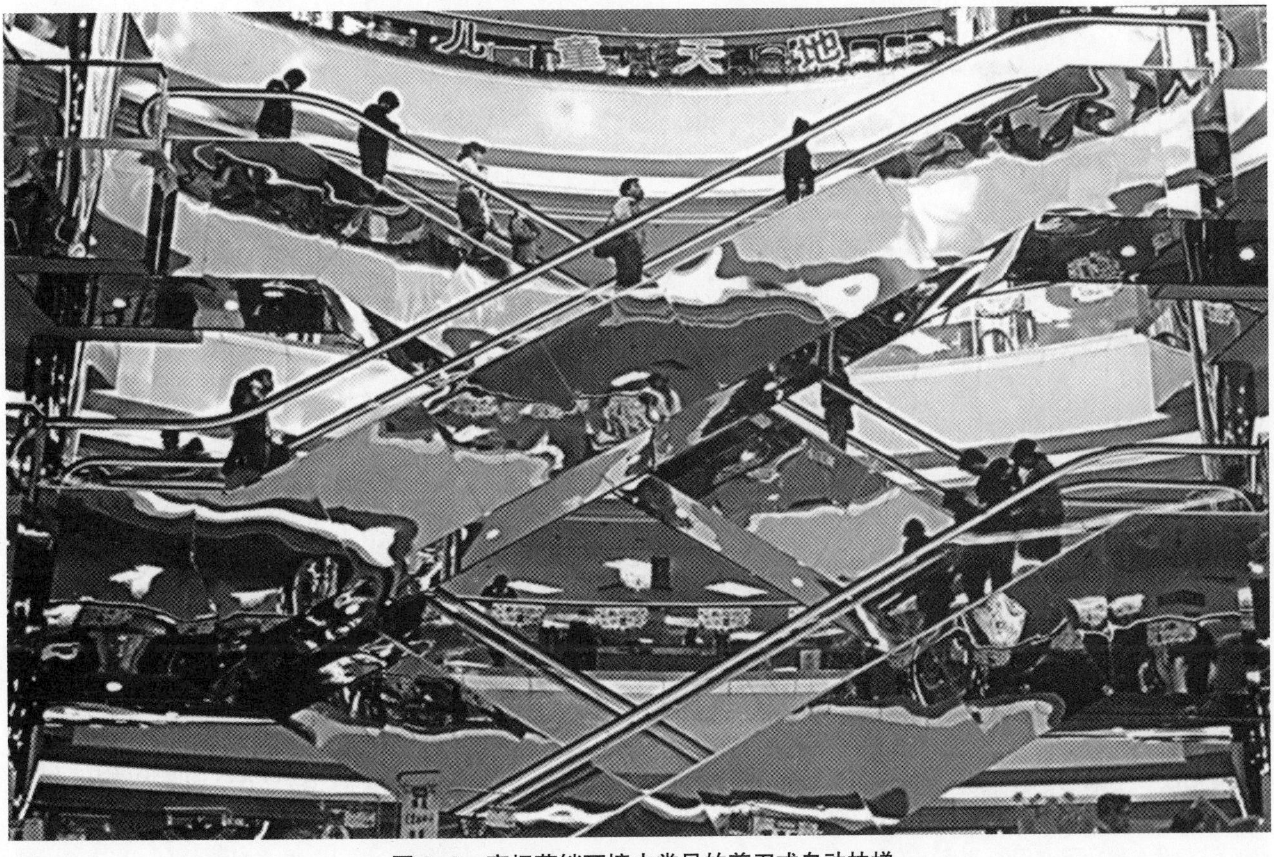

图 3–8　商场营销环境中常见的剪刀式自动扶梯

地面间净高应大于2.4m。

高度不同的商业空间，采用联系上下层空间的自动扶梯、开敞式楼梯及观光电梯等竖向联系构件，把不同标高的多个空间串联起来，相互渗透起到引导顾客流线的作用，增加了营销空间的连续性同时给空间带来动感，具有活跃气氛的效果。顾客在通达上层空间的过程中方便地浏览、观赏到整个营业大厅，不同的高度使人产生不同的心理感受，加强了对该场所的认识与记忆。

（三）交通枢纽——中庭

在大型商场及购物中心中，常设有中庭，在其中设置自动扶梯和观景电梯，快速大量地运送人流，成为人流交汇分流的交通枢纽，并起着引导人流的作用。当中庭设有多部自动扶梯时，有的扶梯可直达较高的楼层，使想购买位于较高楼层商品的顾客交通路线更加便捷方便。自动扶梯与观景电梯在中庭空间内高低错落，人们川流不息，既丰富了中庭的景观，又达到了步移景异的视觉效果，增加了中庭的动感和节奏感，活跃了空间，加强了不同楼层的视觉联系，空间层次丰富，通透开敞，提供了人看人、人看商品的机会。商场若有地下层营业厅，中庭往往从地下层起始，使地下层与地上层空间通过中庭贯通，减弱了地下空间的封闭隔离感，空间敞亮明快，具有吸引力，改善了人们多半喜爱在地面及以上各层活动的情形（图3-9）。

中庭满足了人们对购物、休闲、观赏、交往等的需求及对开敞明快、有生机有活力的营销空间的向往。中庭体现出时代的特色，成为发展趋势。

图3-9　商场营销环境中庭内自动扶梯与观光电梯高低错落，增加了空间的动感与节奏感

第三节　展示空间设计

商品陈列是商场内部环境设计中的重要组成部分，通过展示陈列商品可以突出商品特征，增强顾客对商品的注目、了解、记忆与认知程度，从视觉效果到触觉诱导顾客。商品陈列的效果与商店空间尺寸、商品陈列的位置（高度、深度）、商品与顾客之间的距离及商品的陈列方式有关。运用对比、协调、主从等手法处理商品、商品与背景、商品与陈列设备等关系，可以表现商品的质感和美感，产生生动丰富的效果。在开敞、半开敞的营销方式中，常将商品展示陈列与存放融为一体。顾客的行为，从视觉到触觉，从挑选到购买，整个过程连贯始终，这种将陈列与贮存相结合的方式，既方便选购又节省空间（图3-10）。

（一）陈列要素

展示陈列空间是商场中的重要空间，是商场整体形象中的一个亮点。同属于商场内外空间的橱窗及各种展示框架是陈列空间中的主要陈列要素，它们都具有陈列展示的功能，但其陈列方式、手段对空间气氛的渲染和人流的吸引程度各有特点。陈列设备应具有方便经营、造型优美、拆装方便、投资经济的特点和相对的灵活性，易于适应不同商品类型、规格、尺寸的系列化陈列并结合商品的性质，体现商场的个性。

（二）橱窗设计

展示橱窗是商场的一个窗口，在特定环境的视觉氛围体现出商品的价值和商店的档次，对展示商场商业形象，体现经营特色有重要作用。同时商品特色外观呈现在顾客面前产生强烈的艺术感染力，从而激发起兴趣和信任感，刺激购买欲（图3-11）。

（三）展示设计

商品展示是商场的重要组成部分，它以商品为首位，通过强化商品，传达商品信息，刺激顾客的心理与视觉，增强商品的可信度与权威性，促进商品销售。不同的文化水平、生活方式、

图 3-10　展示空间是通过视觉传达设计的作用，并借助商品与顾客的关系将其有效展示给顾客的表现场所

图 3-11　展示橱窗是商场的一个窗口，在特定环境的视觉氛围体现出商品的价值和商店的档次，对展示商场商业形象，体现经营特色有重要作用

消费倾向和购物心理对设计品味的要求也不同。商品展示的内容一般更换较频繁，这就要求应在较短的展示期限内通过独特的展示设计给顾客以全新的感受，使商品成为中心，引起顾客的关注。

商场内一般的展示场所有：地面、顶棚、墙面、柱面及台面。陈列展览用具也有多种形式，如模特、道具、陈列架、台、桌、柜等陈列用具。

1. 集中陈列

大量商品集中陈列，以体现商品的丰富性、立体感，创造热烈地气氛，但许多商品汇集，会使商品自身的特点不易突出，并置的商品在材质、色彩、尺寸、款式上不应过于协调，应采取对比的手法改善商品的展示效果（图 3-12）。

图 3–12　商品集中陈列，可体现其商品的丰富性、立体感，从而创造热烈的商业气氛

图 3–13　让顾客自由接触商品，以诱发其购买欲，这样的展示方式拉近了顾客与商品的距离，使顾客可从视觉与触觉上更加细致地了解商品的材质、肌理与触感

2. 开放陈列

顾客可自由接触商品以诱发购买欲，这样的展示方式拉近了顾客与商品的距离，使顾客不仅从视觉上而且从触觉上更加了解商品的材质、肌理与触感（图 3–13）。

3. 重点陈列

将具有魅力的商品置于视域中心处作为展示重点，如在销售手表、金银珠宝等物品的柜台上设置四周以透明玻璃封闭的展示柜，并辅以灯光，熠熠闪亮，强调商品自身的价值，也可做成电动式，使其自由转动，商品的多个面得以展示，增强了展示效果（图 3–14）。

4. 样品陈列

以少量商品作样品吸引顾客，将大量商品置于仓库中，这种陈列方式在传统的销售方式中最为常见（图 3–15）。

5. 搭配陈列

将关联性商品组合陈列，用以表现建议性、流行性、系列性。这种陈列方式加强了顾客对展出的这一类商品的印象。

陈列展示中的独立式展示柜架常放置在所展示的商品销售区域附近起到突出商品的点睛作用，有时也可设于公共空间中以吸引顾客。其尺寸规格依所陈列展示的商品不同而不同，可置于地面和柜台上，可与灯光照明相结合，增强感染力。若为落地式，其下半部 70~80mm 的空间可作宣传广告或贮藏等用。商品的展示高度应符合人站立时的视觉范围。

图 3–14　将具有魅力的商品置于视域中心处作重点展示，以突出商品自身的价值

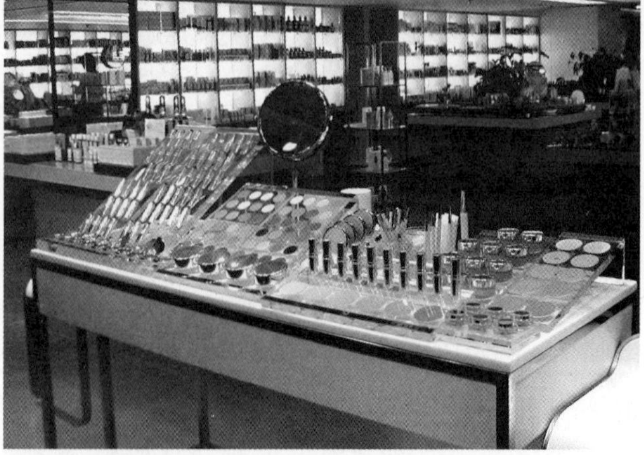

图 3–15　展示空间中将少量商品作样品，以吸引顾客的注意力

第四节　服务空间设计

营业厅中的服务空间内设有一些附属设施，分为顾客用附属设施和特殊商品销售需要的设施。它们在商品销售及提高环境质量、满足顾客需求方面具有重要作用。

（一）顾客用附属设施

百货商场内，应设卫生设施、信息通讯设施及造景小品等，包括座椅、饮水器、废物箱、卫生间、问讯服务台、电话亭、储蓄所、指示牌、导购图、宣传栏、花卉、水池、喷泉、雕塑、壁画等内容（图3-16），满足购物之外的精神需求，延长人们在商场中的逗留时间。如果为增加营业面积而取消顾客用附属设施的设置，会使空间环境质量下降，减少营业额。

1. 问讯服务台

其主要功能为接受顾客咨询，为顾客指点所需商品的部位，进行缺货登记，服务质量投诉及提供简单的服务项目，如失物招领，针、线、雨具出借等。其位置宜接近顾客主要出入口，但又不影响客流的正常运行。

2. 顾客卫生间

大中型商场应设卫生间，且便于顾客寻找。可结合楼梯间设置或与顾客休息处相近，既要方便顾客，又要适当隐蔽。男女厕所应设前室，内设污水池和洗脸盆。洗脸盆按每6个大便位设1个，但至少设1个，如合用前室则各厕所间人口应加遮挡屏。卫生间应有良好的通风排气。商店宜单独设置污洗、清洁工具间。

(*a*)

(*b*)

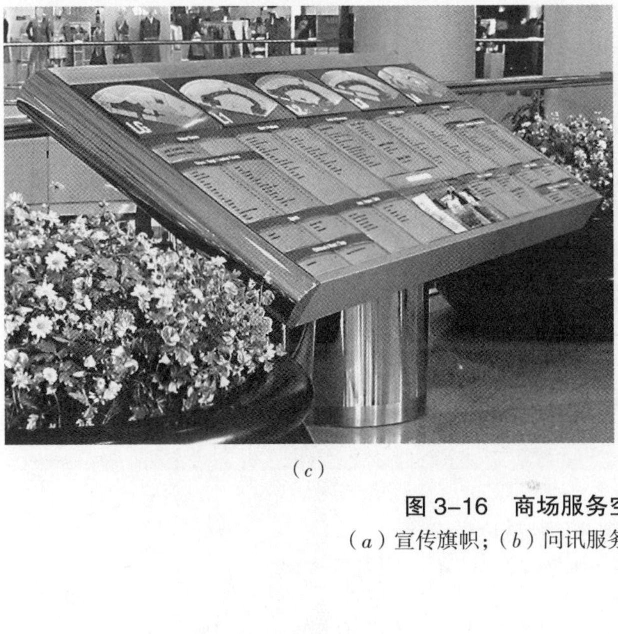

(*c*)

(*d*)

图3-16　商场服务空间部分的附属设施设计

（*a*）宣传旗帜；（*b*）问讯服务；（*c*）导购指示；（*d*）卫生设施

3. 公用电话

大型商场内可设顾客用公用电话，以方便顾客，提高服务质量。电话可结合顾客休息室或服务台统一考虑。营业厅每 1500m^2 宜设一处电话位置（应有隔声屏障），每处为 1m^2。随着城市中移动电话数量的增多，可适当减少公用电话的设置数量。

（二）特殊商品销售需要的设施

某些商品如服装、乐器、音响、电视机、眼镜等在销售过程中需要使用一些特殊设施帮助顾客挑选，以提高服务质量使顾客满意（图 3–17）。

1. 展销处

在商场中，时常会有新产品展销活动或与厂商联合搞促销活动，需在营销空间中适当辟出部分空间用于展销。展销处人流相对集中，应不影响人流的通行，保持正常的经营秩序。

2. 维修处

用于检修钟表、电器、电子产品等。其用地面积可按每一工作人员 6m^2 计。维修处可与销售商品的柜台结合，根据商场大小，辟出若干柜台用于维修。

3. 试衣间

可位于成衣销售部附近，结合柜架布置，划分出试衣空间或独立设置试衣间。男女应分设，用轻质材料作隔断，室内应设有镜子、简易座位、挂衣钩。其空间尺寸应考虑人在试衣时的活动范围。

4. 试音室

在选购乐器、收音机、录音机、唱片、录音带、

（*a*）（*b*）（*c*）（*d*）

图 3–17　商场服务空间部分的特殊设施设计

（*a*）产品展销处；（*b*）售后维修处；（*c*）服装试穿间；（*d*）衣裤加工处

音响、电视机等商品时，为便于顾客了解商品的音质、音色，在销售柜架附近应设独立的试音室， 避免与营业厅空间相互干扰，并采取适当的隔声措施，其面积不应小于 $2m^2$。或在销售商品附近设置听音架用耳机收听，既节省了服务空间又避免了相互干扰。

5. 暗室

在照相器材和眼镜部附近应设有暗室，供业务操作和配镜验光之用。

第五节　休闲空间设计

(一) 休闲空间的分类

随着社会的发展，商场已不仅仅是商品买卖的场所，而是越来越注意到商场基本营销功能之外的功能要素——休闲。即在满足物质要求的同时，注重满足人的精神需求，体现出人性化的特点。商场的休闲空间是对消费者身体和情绪的一种调节。休闲的方式有多种，商场中的休闲空间分为休息、娱乐、餐饮、健身、文教等空间。每一个休闲空间又可细分出许多不同功能的空间，如餐饮类可分出中式快餐、西式快餐、风味小吃、冷热饮、咖啡厅、茶室等；娱乐类可分出电子游戏、各种棋牌、供儿童使用的游乐场及为老年人服务的休息场所等；健身类可分出台球、保龄球、按摩、徒手健身、简单器械健身等；文教类可分出书店、报纸杂志阅览、绘画、书法、手工艺品、雕塑作品展销等。这些休闲空间的设置适应了不同顾客的需要，使顾客在购物的过程中得到休息、娱乐，调节身心，文化设施的设置使商场具有文化气息，提高了生活品位（图 3-18）。同时购物之

(*a*)　(*b*)　(*c*)　(*d*)

图 3-18　商场休闲空间部分设施设计（一）

(*a*) 冷热咖啡；(*b*) 中西快餐；(*c*) 镭射电影；(*d*) 电子游戏；

（e）

（f）

图 3–18 商场休闲空间部分设施设计（二）

（e）康乐设施；（f）户内冰场

外的多种功能空间，延长了顾客在商场内的逗留时间，增加了营业额。

（二）休闲空间的设计

商场内部的休闲空间依托于经营环境，与独立的相应功能的建筑特点有所不同。在商场中的各休闲空间内人流流动快，相对时段短，应注意人流的及时疏散。室内的空间环境宜雅致清爽，色彩以中性色或稍冷的色调为主，切忌明度、纯度很高、色彩繁杂、鲜艳夺目。商场中休闲空间的设置应根据其规模、环境、经营理念等因素可有多种选择。若同时设置多个不同功能的休闲空间，应注意动静分区及其与商场自身的关系。对于可能产生较大噪声的休闲空间，应采取相应的隔声措施，避免对商场的干扰。餐饮类休闲空间应注意厨房的位置。休闲空间在商场中的位置常见于顶层，也可在商场的某一层的适当位置，一般在周边，辟出小面积的休闲空间与商场相连通，这样的休闲空间一般为纯休息空间或较安静的冷热饮、茶室等空间。商场中的休闲、餐饮、娱乐、文化设施常与中庭结合。在中庭设置展示场所如汽车展、住宅模型展等长期展览；也有如化妆品现场使用示范、婚纱摄影等产品和公司推介的临时性展示宣传；此外，还有快餐、冷热饮、游戏、小型儿童活动场所等。人们在这里的购物间隙，以愉悦的心情享受着环境和服务。中庭成为满足人们多方面需求的交往空间。

第六节 辅助空间设计

商场的辅助空间应根据商业空间的规模大小、经营需要而设置，主要包括仓储空间、行政业务、职工福利及设备等用房。行政业务和职工福利用房面积可随商场规模及基本条件有所不同，但一般按每个售货岗位配备 3.0~3.5m^2 计。辅助部分应有专用的出入口。商场的仓储及辅助空间是在营销空间之外，为保证营销活动的正常进行，供内部使用的空间。

（一）仓储空间及库房设计

仓储空间是根据商场的规模，经营需要提供商品周转的存储空间，包括总库房、分库房和散仓。总库房一般独立于营销空间之外，它贮存的商品数量多、种类全，周转时间相对较长。分库房可贮存一个左右星期销售量的商品，其位置可与营业厅同层，也可位于营业厅的顶层或地下层，以升降机作为垂直货运工具。散仓是营业厅内必不可少的临时贮存空间，一般贮存数量不少于当天的销售量。其布置的位置较灵活，可结合橱架的布置或利用橱架下部空间进行贮存。

1. 仓储空间及库房设计要求

商场经营的商品种类繁多，规格大小各异，原材料的组成和制造工艺不同，化学、物理特性也不同。基于商品本身的特点，在仓储空间及库房设计中要求将商品分类贮存，并满足其防潮、

图 3-19 在商场仓储空间及库房中，商品应分类储藏，并需满足其防潮、防热、防晒、防冻、防盗等要求

防热、防晒、防冻、防盗等要求（图 3-19）。

按商品的贮存要求和仓库技术设施，贮存商品的库房分为综合性库房和专用性库房。其中综合性库房一般称之为总库，以划区分类贮存商品为原则。专用性库房一般称之为小库，以满足某些商品单独存放的要求。不同商品在库房内的存储方式不同，一般有以下三种，即：

（1）成包存放在货架上

仓储空间中大部分无特殊要求的商品均以这种方式予以贮存；

（2）成包堆码

仓储空间中诸如棉布、鞋帽、服装等大部分用纸箱包装，并成包堆码；

（3）铺开摊放

仓储空间中贮存的陶瓷、玻璃等易碎商品多采用铺开摊放形式进行存放。

2. 库房的管理方式

仓储空间的库房管理方式有集中管理、分散管理与混合管理三种（图 3-20），其中：

（1）集中管理

是指每日营业前将商品集中送至售货现场。这种方式的优点是节省人力，便于管理，库容量可调节，周转快，管理人员熟悉业务，库房制度健全，秩序好；缺点是若在营业时间内需要补充货源，易造成营业厅内货运与客流量交叉，从而对其经营产生影响。

（2）分散管理

是指各商品部或柜组分散管理。这种方式销售与贮存关系密切。其优点是可根据售货现场需要，随时补充货源；缺点是各商品部库房相对独立，相互间不能调节使用，库房占用的总面积较多，不够经济。

（3）混合管理

是指商场根据需要既设置商品贮存总库，又根据商品销售部的销售特点在其附近设置适当的散仓，以避免某种库房管理方式出现的不足，是一种较好的仓储空间库房管理方式。

3. 库房的布置设计

（1）布置设计原则

仓储空间的库房主要出入口应靠近道路，以利于装卸货。库房的平面、空间设计应保证货架安放紧凑合理，以提高商品的保存质量和库房的空间利用率。

（2）货架尺寸及走道宽度

货架尺寸一般为高 2000~2500mm，宽 1800~

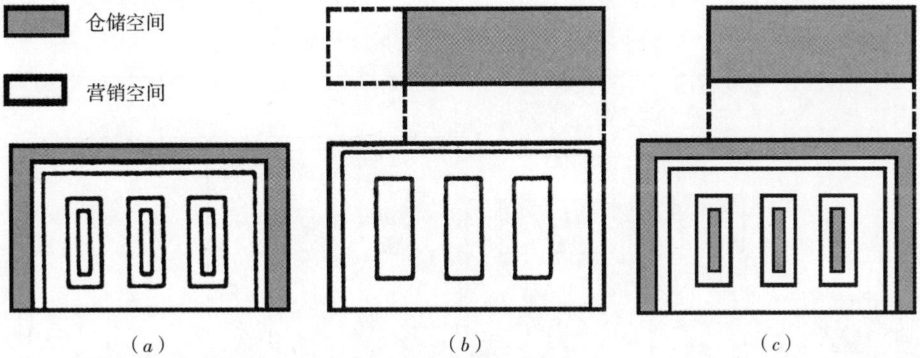

图 3-20 商场仓储空间与库房管理方式

（a）集中管理；（b）分散管理；（c）混合管理

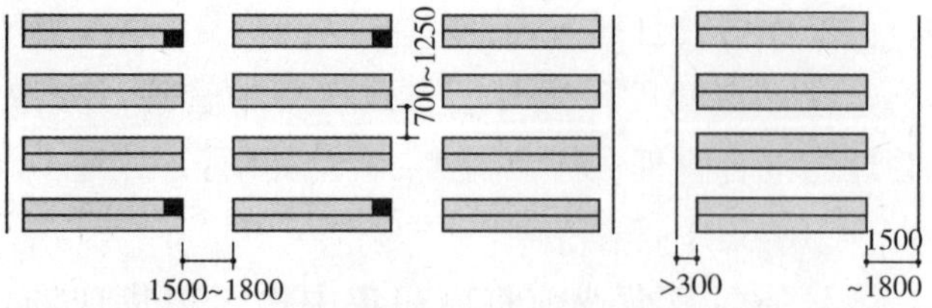

图 3-21　商场仓储空间与库房货架排列的形式

2000mm，深 300~900mm；库房内走道有主次之分。主走道应满足小推车来往运行的可能，宽度为 1500~1800mm；次走道宽度为 700~1250mm；电瓶车通道净宽≥ 2500mm。货架或堆垛端头与墙面间的通风通道宽≥ 300mm（图 3-21）。

（3）平面形状

仓储空间的库房平面形状以接近正方形为佳，并将出入口设在库房适中位置，这样可缩短通道的长度，减少管理人员的劳动强度。柱距一般为 4.5~6m，或与营业厅柱距相同。库房单面采光时，进深不宜超过 12m，双面采光时则不宜超过 30m。

（4）库房净高

仓储空间的库房净高是指楼地面至上部结构主梁下底或桁架下弦底面间的垂直高度，应符合下列规定：设有货架的库房净高不应小于 2.1m，设有夹层的库房净高不应小于 4.6m，无固定堆放形式的库房净高不应小于 3m。

（5）库房的附属设施

仓储空间库房的附属设施是指商品进入营业厅柜架前的所有准备工作的设施，主要包括以下设计内容。

卸车棚与卸货平台——仓储空间库房的进货入口应与通道接近并设足够大的卸货平台（图 3-22）。卸车棚可避免商品被日晒雨淋，卸货站台

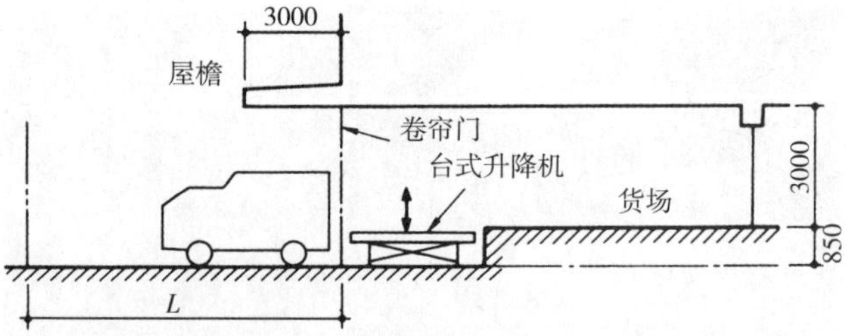

加长货车载重量/t	车辆尺寸/（mm × mm）	L/m
2	5800 × 2000	>10.0
4	8000 × 2200	>15.5
8	11000 × 2500	>19.0
10	12000 × 2500	>23.0

图 3-22　商场的卸车棚与卸货平台

可减轻职工的搬运强度。卸货站台离地高度与运输卡车的车厢高度相近，一般为 0.9~1.2m。站台至少应在一端设 7% ~10%的坡道。

验收、收发、值班等用房——仓储空间的库房应单独设置，并尽可能靠近库房入口的验收、收发、值班等用房，以便与售货现场方便联系。

出售前的准备场所——应在运往售货现场之前设有进行加工整理、分类和包装的场所，以做好出售前商品销售前的准备工作。

车库或车棚——仓储空间的库房应为运送商品的机动车辆设置相应的车库与车棚，以便为车辆的正常维修和保护带来方便。

（二）行政管理用房设计

商场的行政管理部门担负着管理整个商业设施的职能，由总务、财务、物业管理等部门组成，负责商场的正常运营，用房可分为办公用房和会议用房两个部分（图 3-23），其中：

1. 办公用房

商场行政管理部门用房又分为两部分，即：

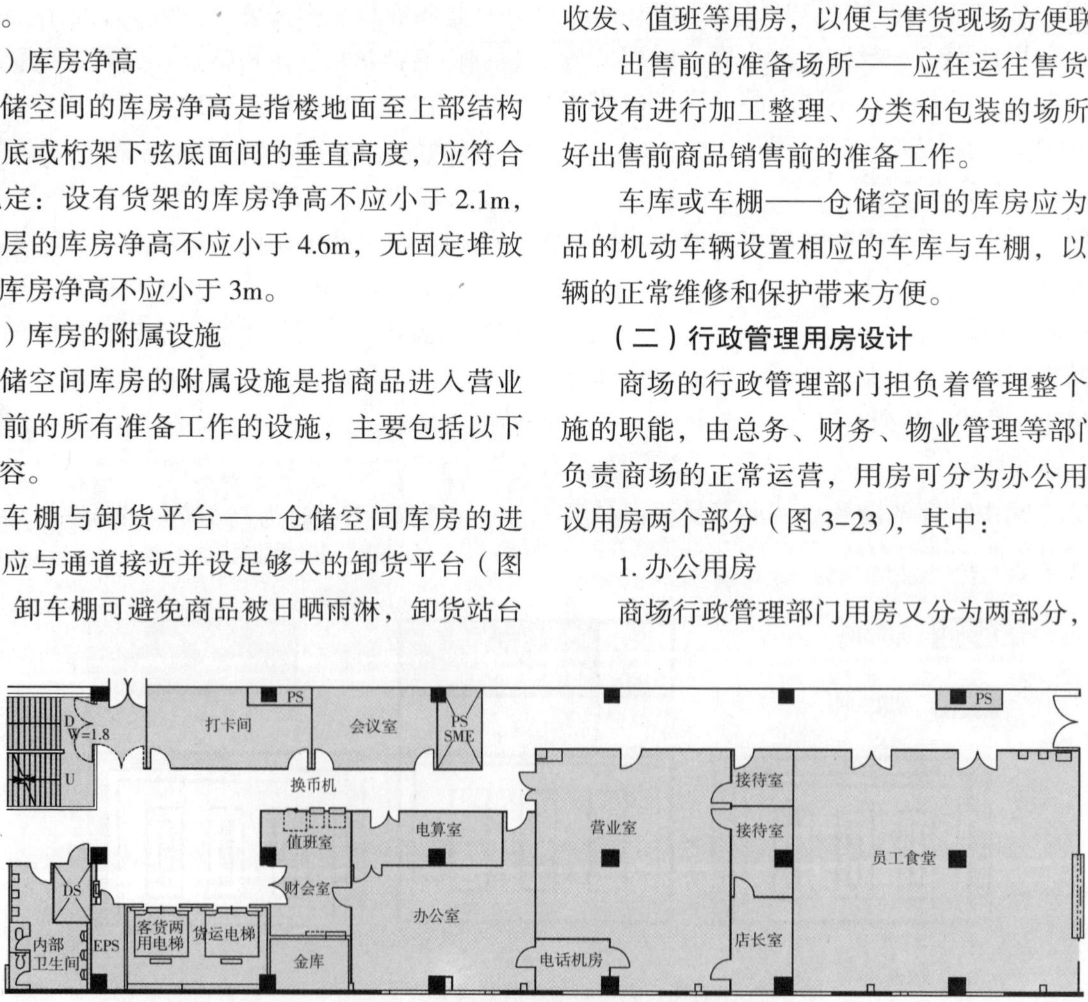

图 3-23　某商场行政管理用房的平面布局

（1）营销管理办公用房

为整个商场设置的，包括经理室、财会室、业务室、保卫室、行政室、党团办公室、工会及总务等用房。

（2）服务管理办公用房

为整座建筑提供服务的设施，包括管理办公室、中央监控室、清洁工休息室（约占总建筑面积的 1.5%~2%），是负责建筑安全和设备设施监控运营的设施。

2. 会议用房

以设置大小两个为宜。中型商店的大会议室宜在 $100m^2$ 以上，除作全店职工集会外，还可用作教室或接待室。大型商店职工较多，应有足够大的会场供开会和文娱活动之用。

（三）其他辅助用房设计

1. 生活福利用房设计

由于商场营业时间较长，职工在店内停留时间也相应拉长，加上营业员工一般分早、晚两班工作，故为员工设置生活福利用房就显得十分必要。其生活福利用房一般包括下列设施（图 3-24）：

（1）员工休息室

供营业员工上下班更衣、学习、进行班组活动及午休等。其位置应尽可能接近售货现场，并分组设置。

（2）员工食堂

员工食堂通常单独设置，不放在主楼内，多将职工食堂放在主楼一翼及行政办公楼底层，以便为职工创造良好的生活条件。

（3）哺乳室

设置哺乳室是很有必要的，大型百货商场还常设有托儿室。

（4）自行车棚、库

自行车是职工上下班主要的交通工具，设置职工存车棚或存车库是必要的。

（5）内部职工用卫生间

商场内部职工用卫生间应符合以下规定：男厕所应按每 50 人设大便位 1 个、小便斗 1 个或小便槽 0.60m 长；女厕所应按每 30 人设大便位 1 个，总数内至少有座便位 1~2 个；盥洗室应设污水池 1 个，并按每 35 人设洗脸盆 1 个；大中型商店可按实际需要设置集中浴室，其面积指标按每一定员 $0.1m^2$ 计。

2. 其他用房设计

（1）技术设备用房

技术设备用房包括配电室、电话总机室、广播室、传送商品设备、通风采暖设备和食品商店的冷藏设备等。大型百货商店的电梯、自动扶梯、电子设备、工业电视等设备用房应根据设备要求进行设计。

（2）加工厂

某些大型商场常附设加工厂。如服装加工厂、食品加工厂等，以加工商场自己经营特色的商品。

（3）员工培训用房

商场为了促进正常业务的开展，常为提高货物的装卸工、开包拆箱员工、清理回收员工及后勤生活辅助员工业务水平，提供必要的培训用房与场地。并为员工设置休息室、保健室等用房，以使员工恢复体力与精力提供便利的福利设施。

（a）

（b）

图 3-24　某商场生活福利用房实景

（a）商场员工休息室；（b）商场员工食堂

第四章　商场室内设计案例选编

从世界商场室内环境设计与施工的发展来看，不管是综合商业中心，还是特色专业商场，均呈现出复合与综合化、标准与模式化、专营与便利化、自然与娱乐化、地域与本土化、个性与艺术化的方向发展，不少商场室内环境的设计与施工，可说已经达到目前室内环境设计与施工的顶级水准，这里选择部分中外商场室内环境的工程设计实例予以介绍。

一、法国巴黎老佛爷百货商店（图 4–1~图 4–7）

主要设计师：Future System

建筑地点：巴黎市奥斯曼大道 40 号

建筑面积：47800m^2

建设时间：1893 年

巴黎老佛爷百货商店（Galeries Lafayette Haussmann）诞生于 1893 年，它位于巴黎市中心的奥斯曼大道 40 号，紧邻巴黎歌剧院。商店楼高 7 层，宫殿式装修，外观高达 33m，圆顶花窗外露台上的细长立柱全部以典型的植物花叶形状装饰。内部呈圆形状，屋顶涵 10 个镶金彩绘花窗的新拜占庭式雕花彩色玻璃圆顶大楼是老佛爷百货公司真正让人惊叹的地方。另一点则是登上屋顶的大露台，可远眺整个巴黎，视野最远可至埃菲尔铁塔。另外，老佛爷百货商店建筑内部较低楼层围绕圆顶花窗的露台上的细长立柱，由早先设计店内自动扶梯的 Louis Majorelle 全部以新艺术时代典型的植物花叶形进行装饰。经 Théophile Bader 的要求，由雕花圆顶自然泻下的日光，形成了一个更加私密、合乎人性化的购物环境，也使商品看起来更具亲和力。可见老佛爷百货商店曾经凭借豪华如宫殿般的装修轰动一时，在商店内部拜占庭式的巨型镂金雕花圆顶下，来往的人影绰约，像赴一场中世纪的聚会，使购物真正成了一种享受。而商店门口巨幅的“老佛爷女郎”招贴，更神采奕奕地引领着时尚精神。

现老佛爷百货商店主商场卖场为 7 层，其中底层大厅是名牌专卖店与世界最大的香水化妆品专卖区；一、二、三层为女装流行空间，面积

图 4–1　位于巴黎市中心的奥斯曼大道 40 号的老佛爷百货商店，已具有百余年的经营历史

14000m²，有 260 个国际名牌，其中 45 个是老佛爷专售，精致套装、晚宴服饰、牛仔装、T 恤衫、休闲服饰、运动时尚、一百多个品牌的流行女鞋，三层设有全球最大的女性内衣专卖区 2600m²，丁字裤专卖区、珠宝内衣区、火辣大道、华贵空间、运动空间、媚惑空间、舒适空间……四层则汇集了几乎全世界的内衣品牌，堪称“时尚女士的惊喜之旅”；五层为儿童天地，经营名牌童装、玩具，卖场空间的造型与色彩极其可爱；地下一楼 4000m² 为青少年绝对流行部，经营 150 多个品牌，专为 15~25 岁青少年所开设。都市流行、体育休闲、舒适内衣、铁杆牛仔迷、美甲美体、变幻假发、动感音乐、流行配饰等。

如今，巴黎的老佛爷还在主商场卖场定期举行免费服装表演，店内设有美容院、按摩室、银行、邮局、商务中心、各种参观与旅行票务中心等服务设施。此外，老佛爷百货商店的免费艺术展览厅，也针对现代艺术、电影艺术、时尚、音乐、世界采风等主题，做定期的艺术装置展出。在其卓越的商业经营理念外，更突显它以人文为本、结合艺术时尚的理念。

而老佛爷百货商店的经营部门已扩大为 96 个，并增加多种传统商品项目的创新贩售如：男士服饰用品、摄影、照明设备、家具、旅行用品、玩

图 4–2　老佛爷百货商店位置图、店标及各层经营布置示意图

图 4–3　老佛爷百货商店婀娜多姿的拉法耶特及卖场内部空间实景

具和餐厨用品。增设的咖啡厅、图书馆和美容沙龙，提供给客人们最舒适无压力的购物环境。近年随着亚洲顾客的增多，还专门开辟了一块为亚洲顾客服务的购物区。另外，商店中杰出的橱窗设计、创新的时尚理念、Chedanne 和 Chanut 两位令人叹为观止的橱窗设计杰作，让人只要经过橱窗就有购物欲望，如同百年前的口号一般："莱法耶特总有新鲜事！"。老佛爷百货又以所提供纺织品、丝带等不同类别产品再度证实了他以时尚和创新为宗旨的理念。

除巴黎的商店以外，老佛爷目前在法国其他省份还拥有 55 家同名号分店，其中包括 12 家"旗舰店"、25 家"大商场"和 18 家"专门商场"，其营业额是巴黎地区的两倍。人们很难想象，1983 年老佛爷百货公司还仅仅只有 5 家商店，此后的短短 20 年内却新开了 70 多家分店，其中包括 1994 年和 1996 年分别在纽约和柏林开设的分店。不过，集团宣布近期将关闭 5 个城市的老佛爷商店，引起了人们关于"老佛爷百货印证了综合性大型百货店已成夕阳产业"的猜测。集团公司总经理保尔 · 德拉乌特先生近日在图卢兹店否定了这一说法。他表示，商店不仅要大胆地开，也要果断地关，只有这样，集团才能把资金投注在更有利的城市。2006 年和 2007 年，老佛爷集团公司将分

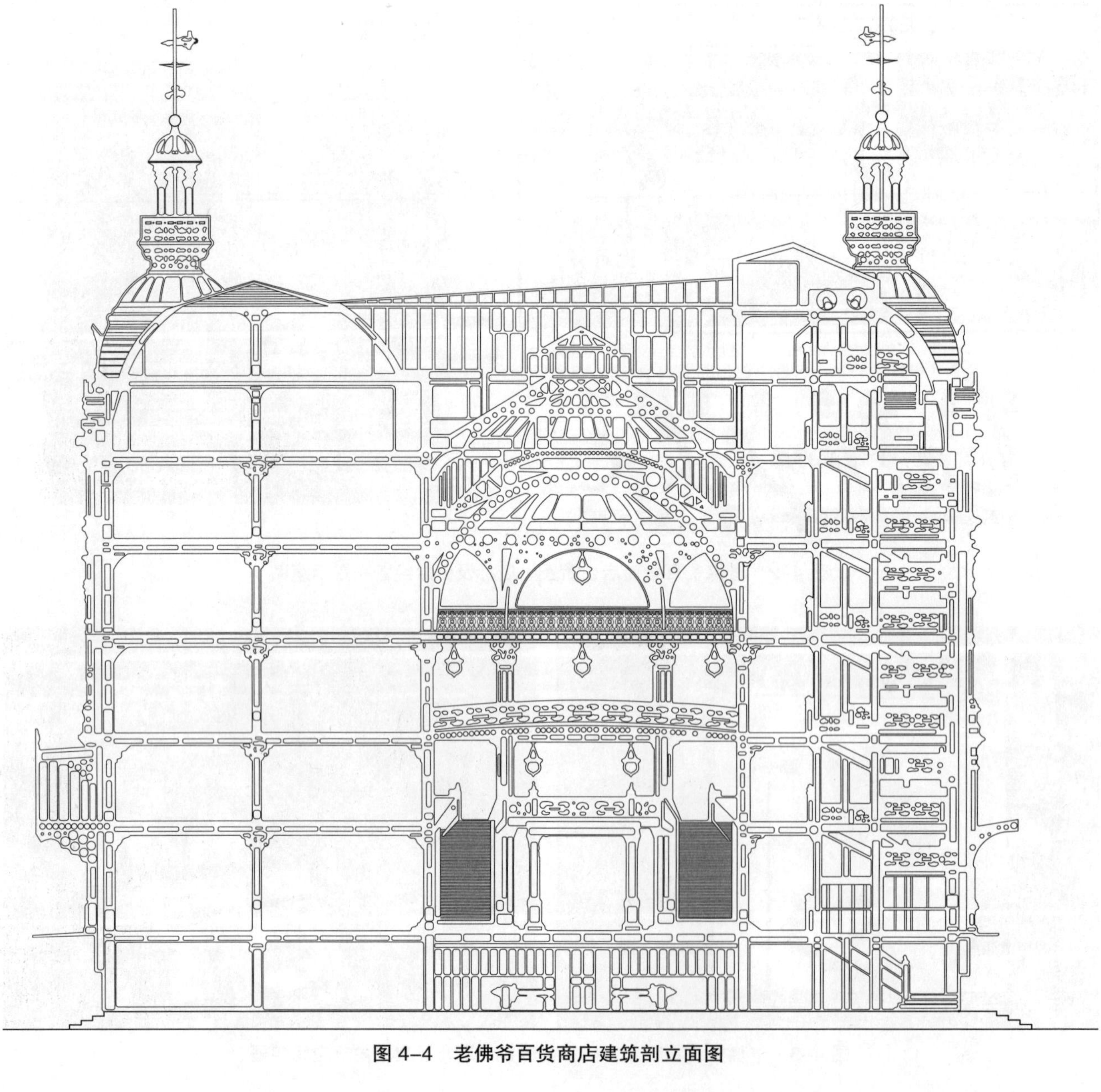

图 4–4　老佛爷百货商店建筑剖立面图

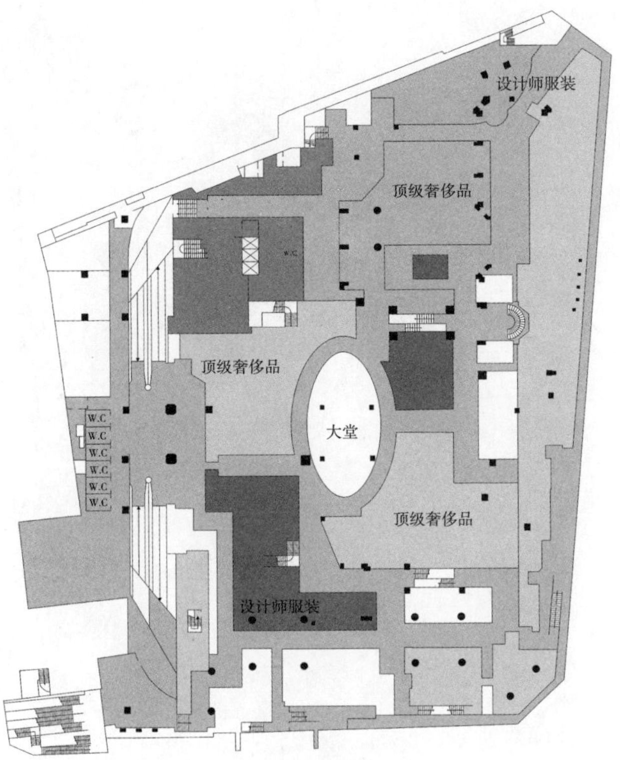

一层平面布置图

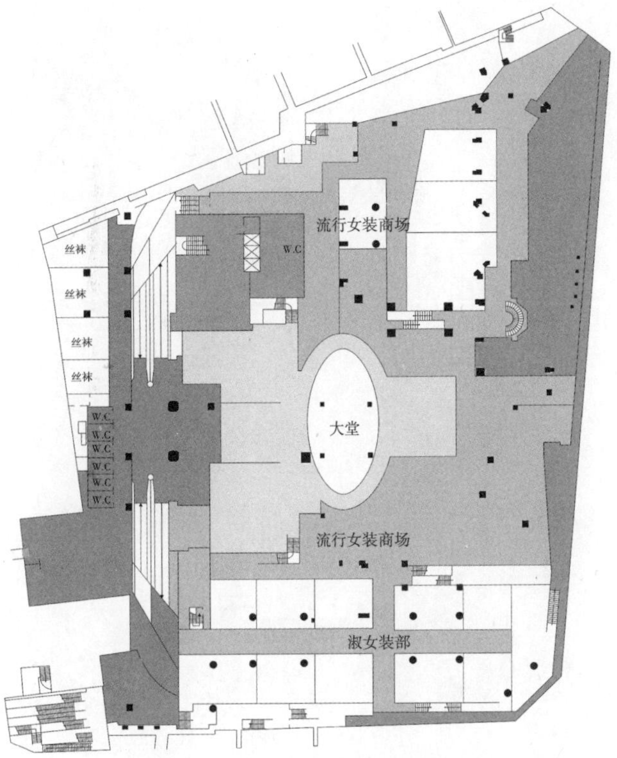

二层平面布置图

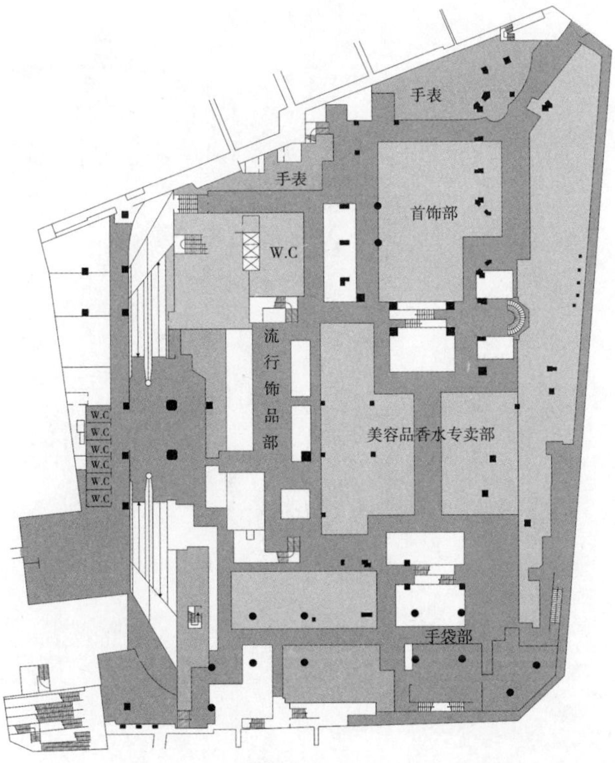

零层平面布置图

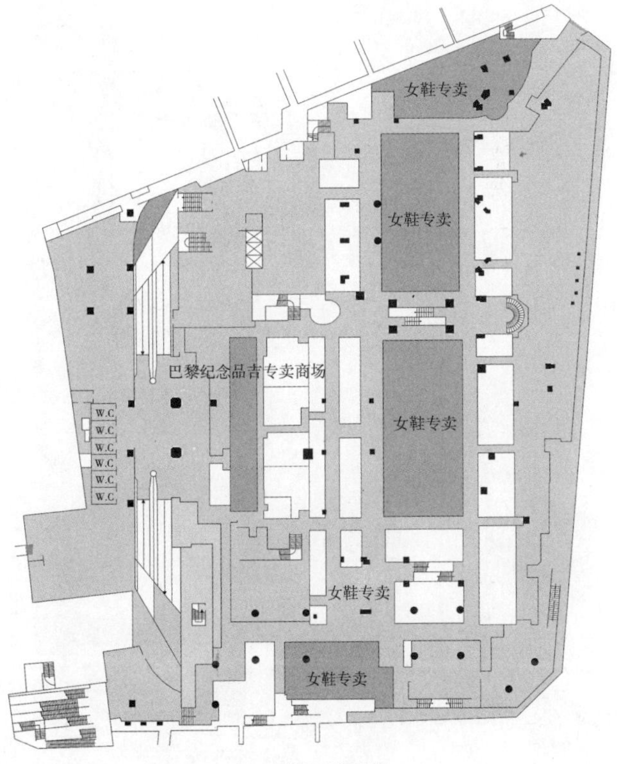

负一层平面布置图

图 4–5　老佛爷百货商店建筑各层平面布置图（一）

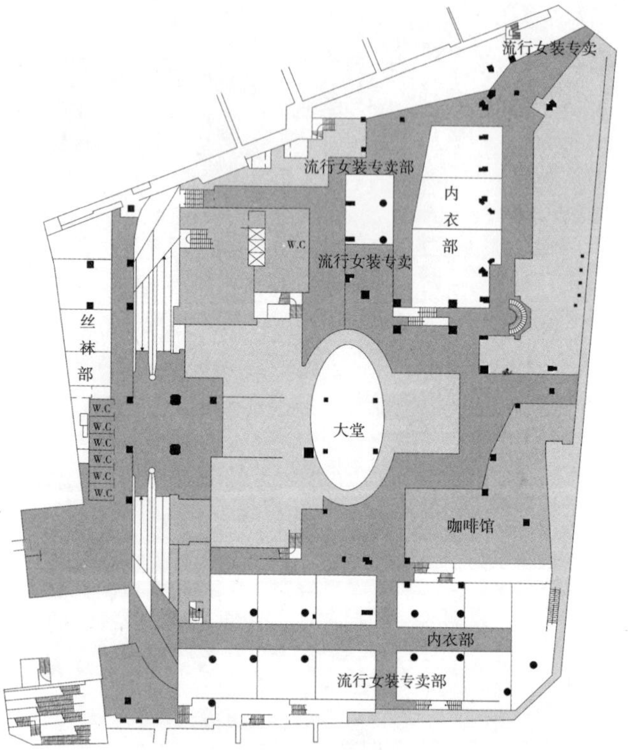

三层平面布置图

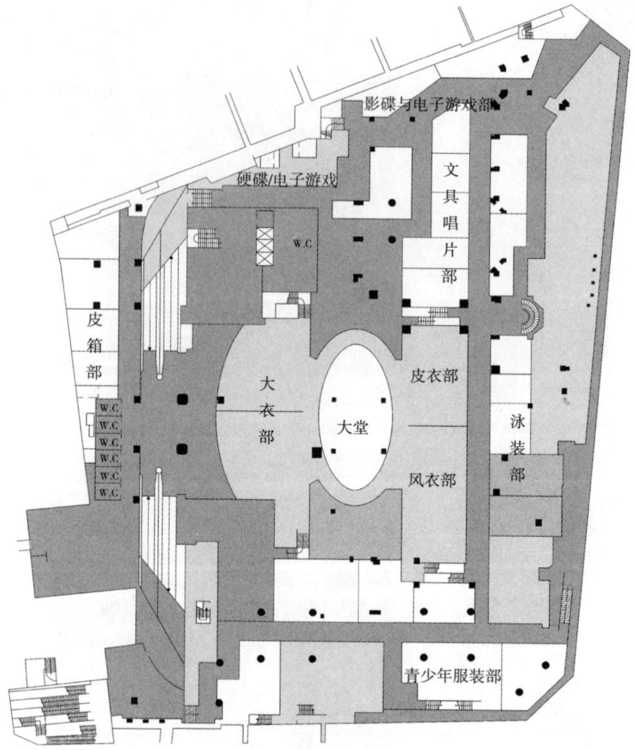

四层平面布置图

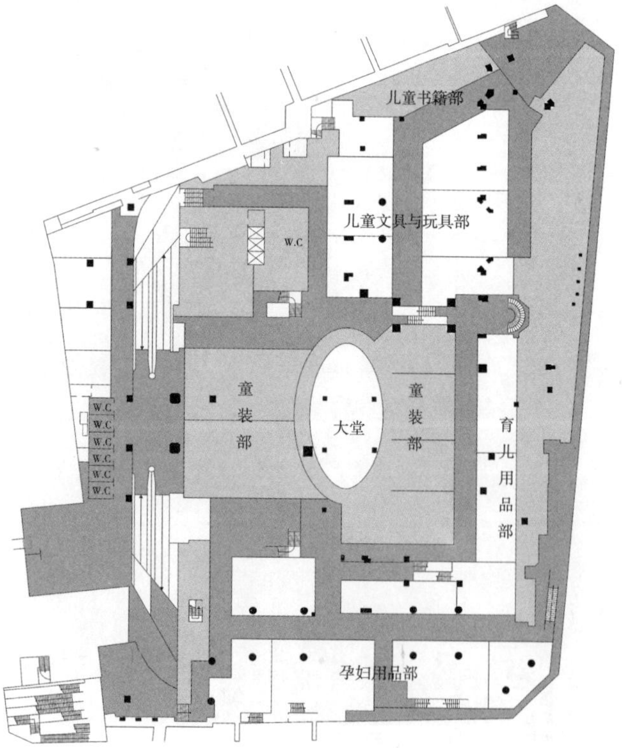

五层平面布置图

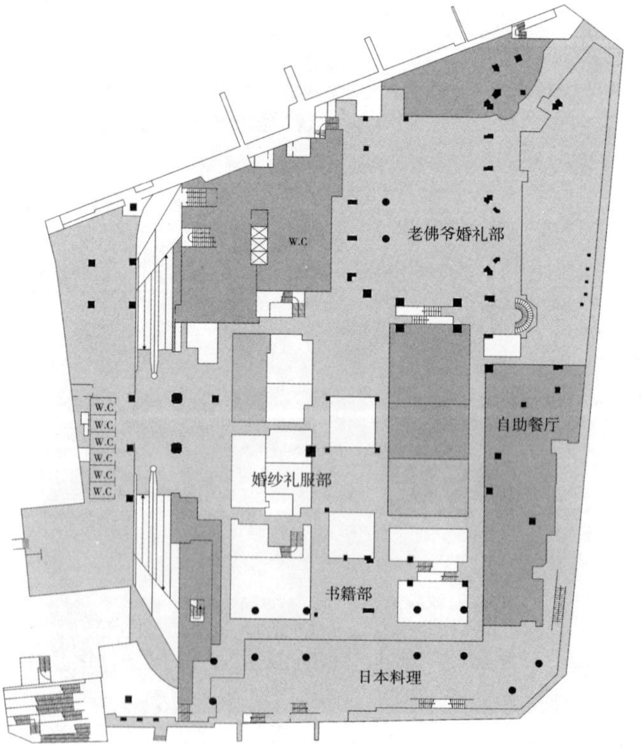

六层平面布置图

图 4–5　老佛爷百货商店建筑各层平面布置图（二）

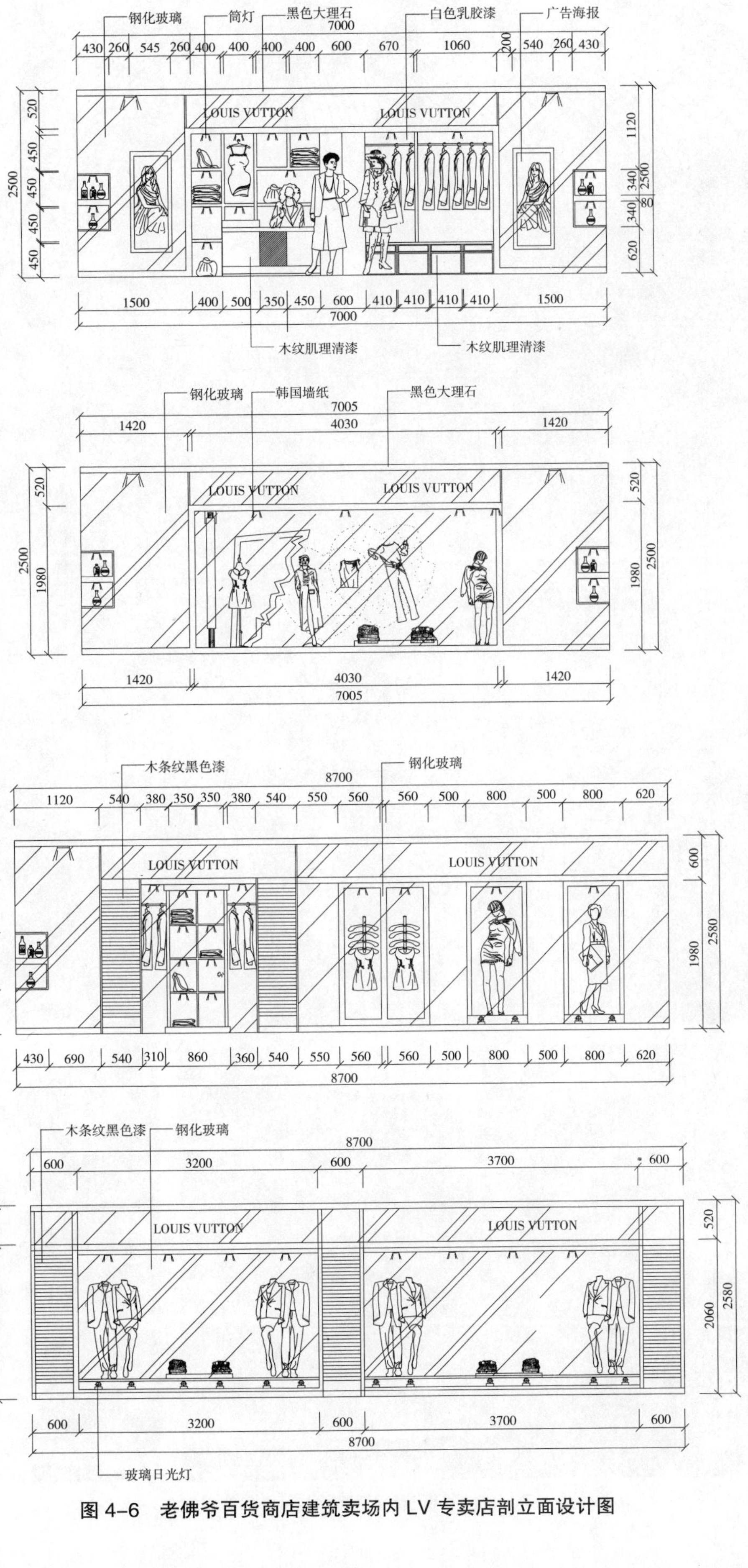

图 4–6 老佛爷百货商店建筑卖场内 LV 专卖店剖立面设计图

图 4–7　老佛爷百货商店建筑内部卖场实景图（一）

图 4–7 老佛爷百货商店建筑内部卖场实景图（二）

图 4-7　老佛爷百货商店建筑内部卖场实景图（三）

别在潜力巨大的巴黎 Rosny 和 Belle-Epine 地区及北部里尔市增开三家分店。

作为一家享誉世界的名店，其意义早已经超出一家百货公司，成为巴黎时尚文化的缩影和策源地。然而“老佛爷”之所以经久不衰，不仅因为他们拥有世界上几乎所有的时尚品牌，而且因为他们的全球眼光和文化视野。并且老佛爷百货公司已成为当今法式优质生活的一面镜子，甚至是宣传法国的一个窗口，每天接待的外国游客比参观埃菲尔铁塔的人还多。

二、意大利米兰 B&B 商场（图 4-8~ 图 4-15）

建筑设计：安东尼奥 · 奇塔罗奥公司

建筑地点：意大利米兰市中心 Via Durini 大街

建筑面积：1700m^2

建设时间：2007 年

米兰 B&B 商场位于市中心 Via Durini 大街上一幢 20 世纪 60 年代的标志性建筑里。商场占有地利条件，其首层加上地下室共有 1700m^2。商场设计为两层楼高，并具有开敞式特点的店面引人注目，并使整个商场充满着透明的玻璃与不透明的建材之间的鲜明对比。

图 4-8　米兰 B&B 商场建筑外观及立面环境设计实景

商场卖场地面是精美的黑色磨光氯化铁水

图 4-9　米兰 B&B 商场建筑室内卖场实景图

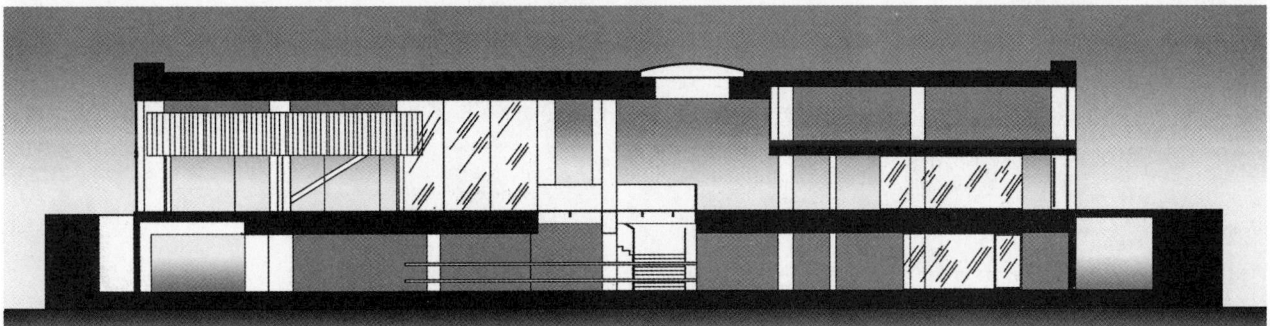

图 4-10　米兰 B&B 商场建筑剖立面设计图

泥，墙面是经过处理的新漆的奶油色。颜色鲜艳的玻璃展柜未修边框，因此可以看出它的厚度。通往地下室的宽敞楼梯是经过酸处理的钢制结构，周围的矮墙是双层刻花玻璃制成的。这样，就成功地避免了中间的阴影和毫无特色的背景。陈列麦克萨尔多产品的橱柜上装有大量黑色矩形配线板，并朝向正面悬挂在细长的圆柱上。黄色和绿色的玻璃柜围出展示个人物品的理想空间。

办公室设在商场后面的中层楼里，用半透明的灰色玻璃框与公共区域隔开。里面是厨房和浴室，都是安东尼奥 · 奇塔罗奥亲自设计的。所有材料的选择都意在营造对比因素之间的明显的相互影响。

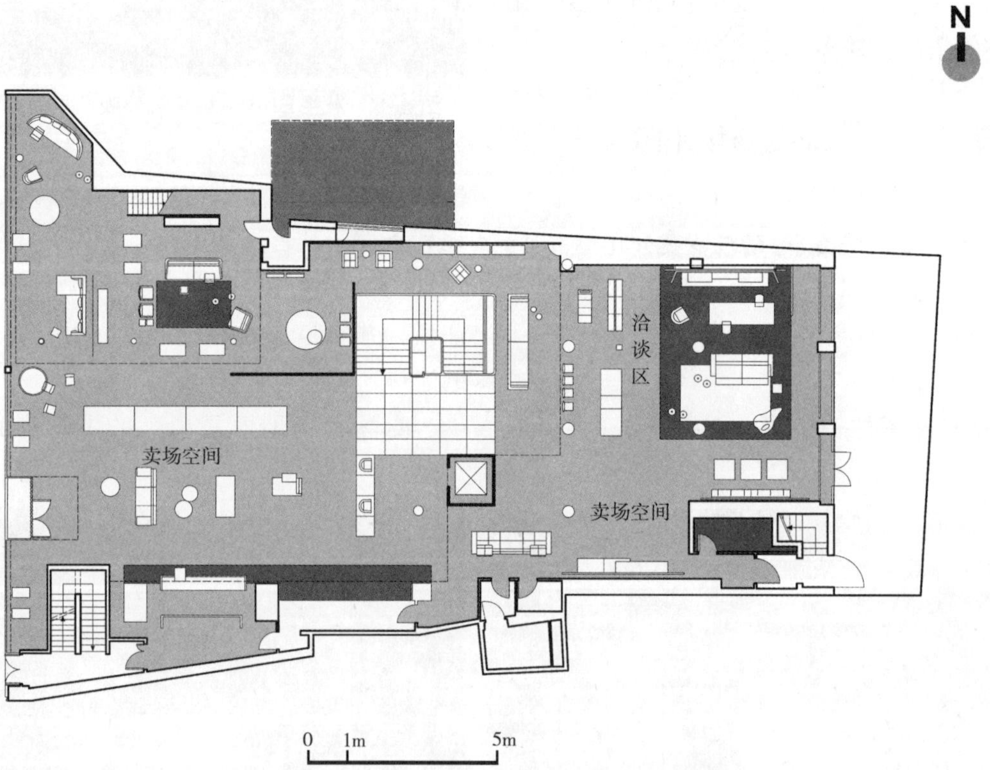

图 4–11　米兰 B&B 商场建筑首层平面布置图

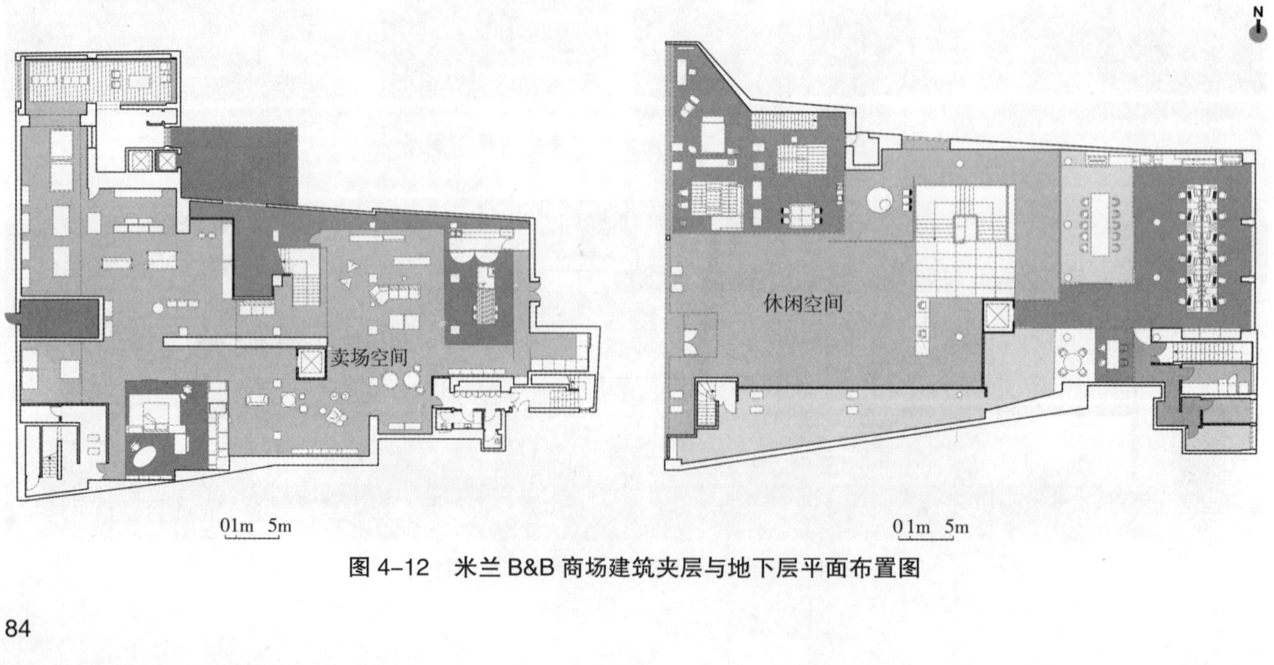

图 4–12　米兰 B&B 商场建筑夹层与地下层平面布置图

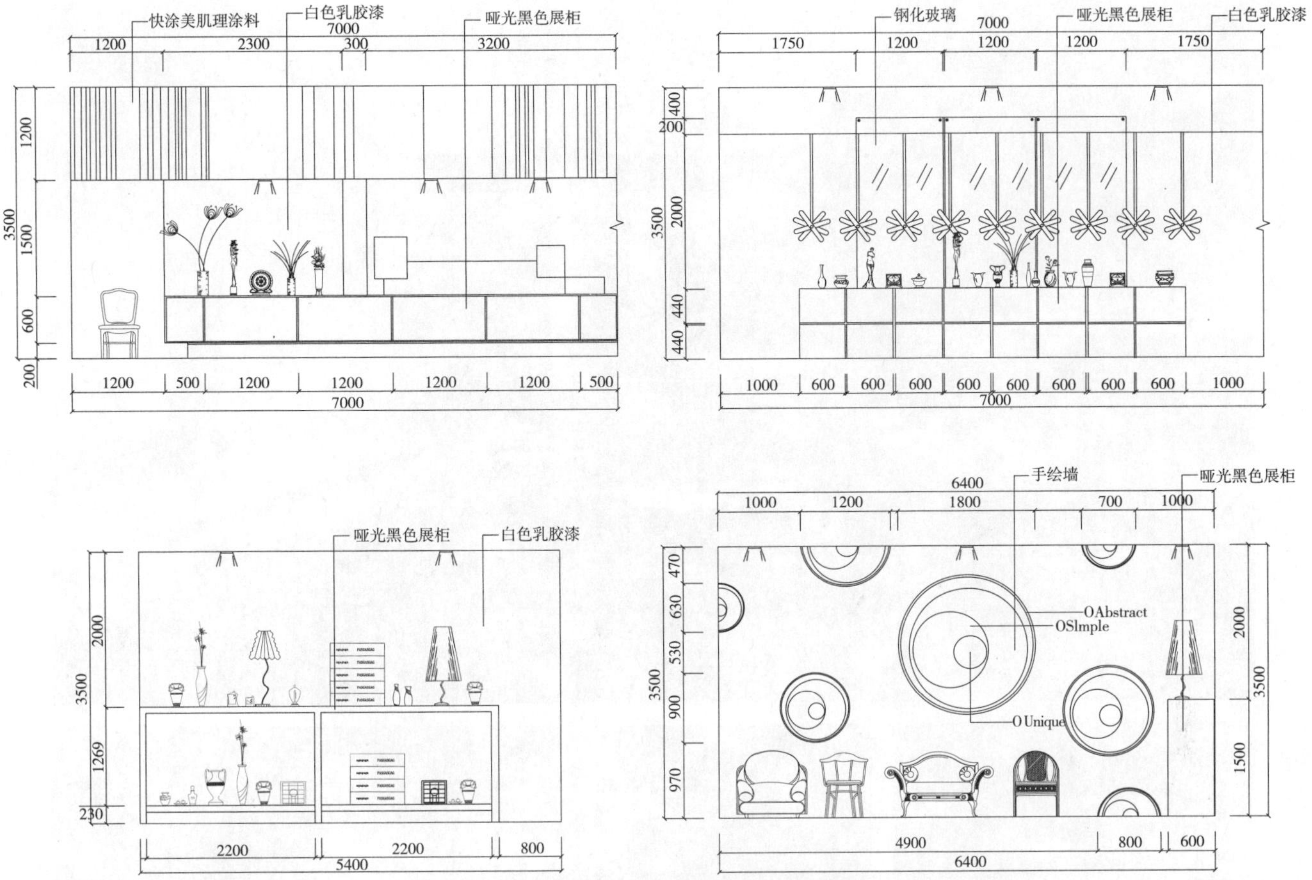

图 4–13　米兰 B&B 商场建筑剖立面图

图 4–14　米兰 B&B 商场建筑内部卖场实景图之一

图 4–14　米兰 B&B 商场建筑内部卖场实景图之一（续图）

图 4–15　米兰 B&B 商场建筑内部卖场实景图之二

三、奥地利维也纳新城 Merkur 自选市场（图 4-16~ 图 4-23）

建筑设计：Gorgona Boenm 设计事务所

建筑地点：奥地利维也纳新城

建筑面积：32400m^2

建设时间：2005 年

Merkur 自选市场位于维也纳新城，是由一个食品市场改造而成。设计要使市场散发出所有现代工业手段所能取得的魅力。于是，市场屋顶的中央部分被部分拆除而代之以外露的钢架结构，并铺上玻璃，以自然采光，形成一个“露天市场”。同时对其门面重新进行修缮，使之既能容纳原有的私营店铺，又要留出一间餐馆的空间，此外还要增设一个停车场。

现在 Merkur 自选市场中央是餐馆，餐馆的外围分别是食品专卖区和私营店铺，呈 U 形排列。顾客步入其内，可在这里交往、休闲和品尝餐馆内的美食。而餐馆和食品专卖区所处的位置正好与光滑的玻璃屋顶的中轴线对应。因为使用了反射镜采光，旧的一些建筑元素似乎又具有了新的价值。整个构造的抽象外形没有任何商界所泛滥使用的标记，显得远离尘嚣。

Merkur 自选市场 80m 宽的前门入口堪称建筑创新手法中的精品，双层的穿孔金属结构体加上霓虹灯的照射，竖立在整个建筑的黑色外壳的前面，造成一种由于视觉冲突而带来的美感。行人路过的时候，那些黑色的小孔好像是跟随着他们飘动的带子，而当他们走到近前去观察时，这些小孔又能提供一个似乎使人窥视无限深处的视角。

入夜，光影的构造隐藏了 Merkur 自选市场建筑实体的功能，并把它融化成各种各样的影像。然而，只要人们一走进 Merkur 自选市场入口大厅，里面广阔的空间所呈现的一切就与门面高科技的照明所唤起的感觉形成强烈的对比。停车场的光线入口全部被设计成竖直形状，富有动感，而经由它们照射进来的充足的自然光似乎能够扩大停车场的空间。环境色彩的运用也成为表达其设计思想的一个手段，即外围的铝灰色与停车场内外的承重地面的环境色彩浑然一体，这也是 Merkur 自选市场改造及重新设计后的造型魅力所在。

图 4-16　奥地利维也纳新城 Merkur 自选市场外观造型实景

图 4-17　奥地利维也纳新城 Merkur 自选市场外观及环境夜景实况

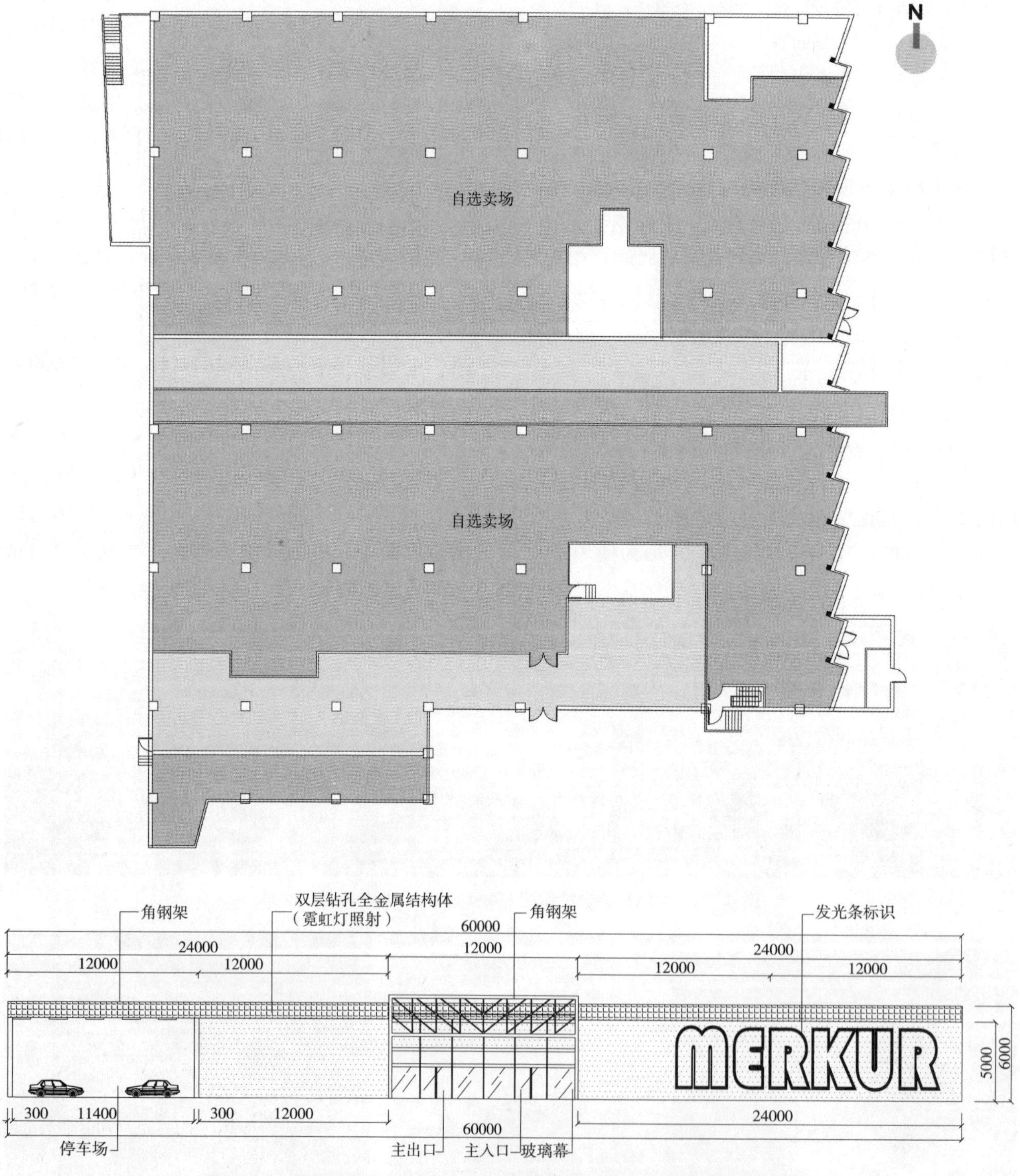

图 4-18　奥地利维也纳新城 Merkur 自选市场建筑平面布置及立面设计图

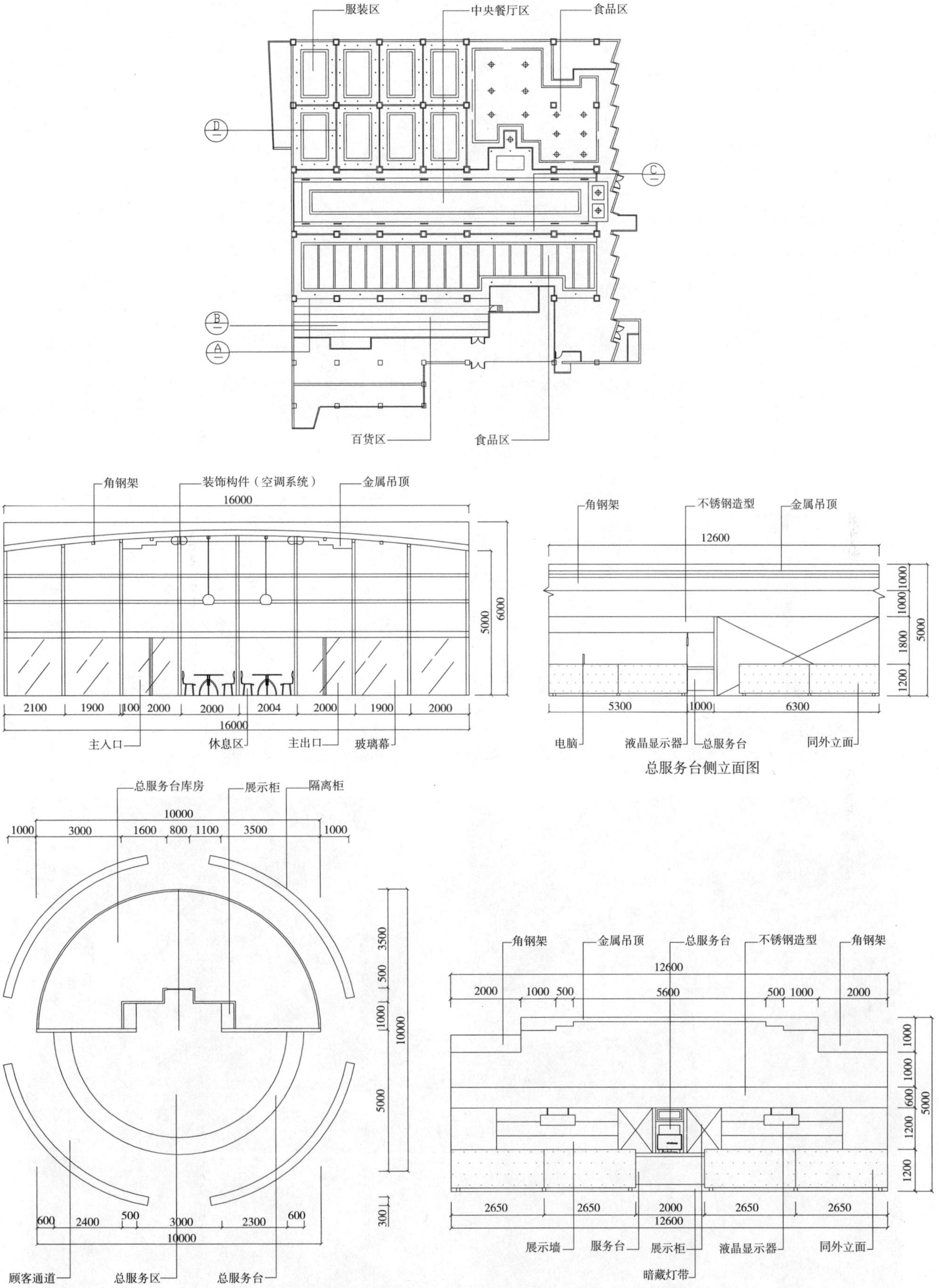

图 4–19　奥地利维也纳新城 Merkur 自选市场建筑平面布置及立面设计图

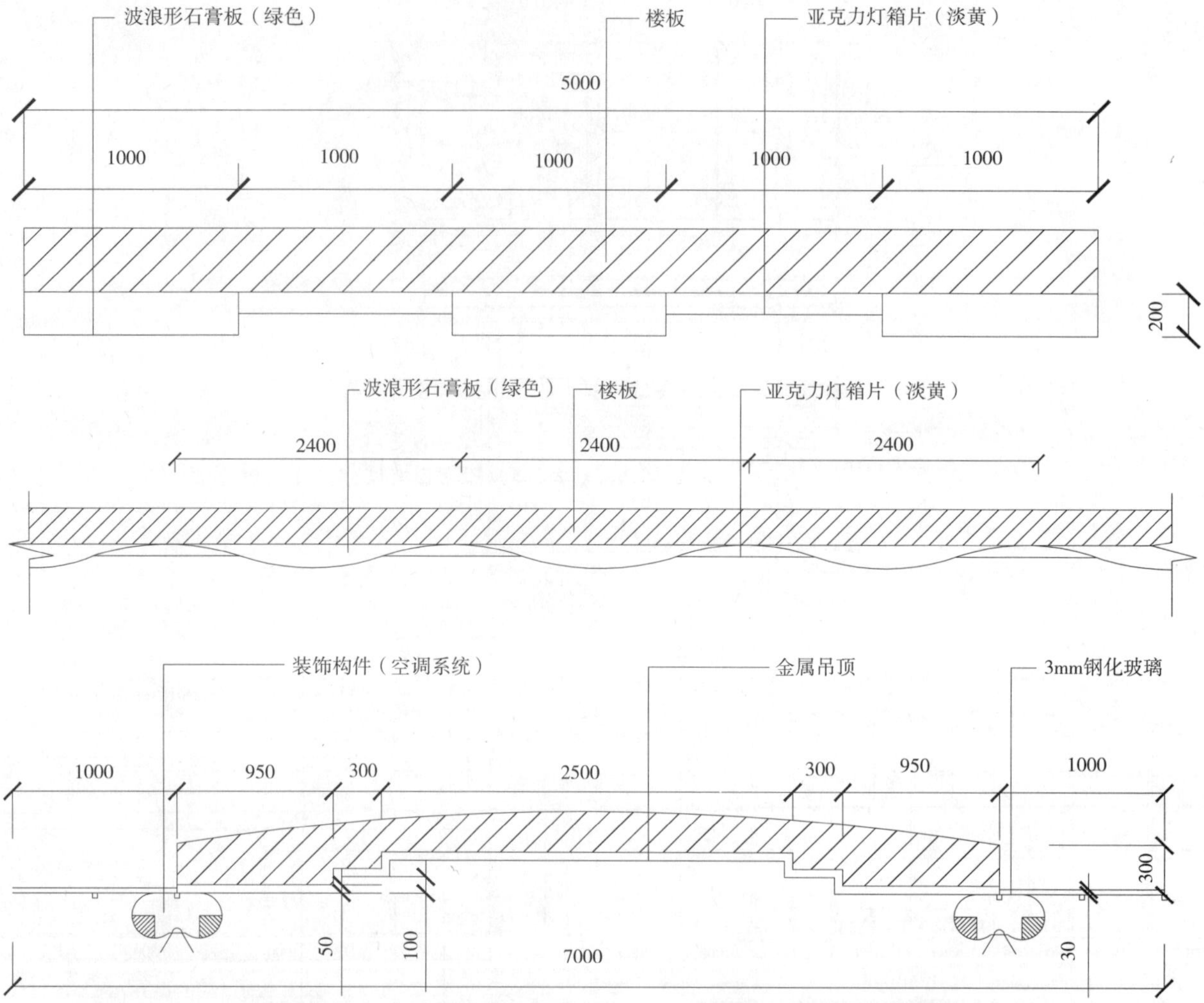

图 4-20　奥地利维也纳新城 Merkur 自选市场建筑立面设计图

图 4-21　奥地利维也纳新城 Merkur 自选市场建筑室内环境设计实景之一

图 4–22　奥地利维也纳新城 Merkur 自选市场建筑室内环境设计实景之二

图 4–23　奥地利维也纳新城 Merkur 自选市场外观及环境设计实景

四、美国蒂弗莱珠宝纽约店（图 4-24~图 4-30）

建筑设计：迪乐士

建筑地点：美国纽约百老汇大街

建筑面积：2100m²

建设时间：2007 年

蒂弗莱珠宝纽约店位于百老汇大街，其商场室内环境利用多种方法刻意追求高技派特点与创造建筑的有机形式之间的对比效果。

步入蒂弗莱珠宝纽约店入口大厅，可见整个卖场环境都覆以白色，创造了一种迷人的、特有的、浓厚的实验室似的氛围，使过路者只要透过橱窗看一下就会立刻被其吸引。卖场环境按纵向分为三个区域：前面有个小休息厅作为贯穿整个卖场设计的一部分，为过于理性的环境中增添一丝舒适感和雅致的魅力。柔和的灯光随着区域的变化而变换着颜色，更突出这个悠然自得、尽情放松的最佳之所。

而卖场环境 16 个遥控展柜的开关启动时形成一种工业高科技的气氛。这种声响进一步加强了视觉效果。沉重的玻璃盖被人为地抬起 40cm，方便地拿出所选择的珠宝。卖场环境将所有的注意力都集中在展示的物品上，桌子斜上方正对着可控制它的操纵杆。这里，灯光变得清晰起来，使顾客更关注商品。从建筑学的角度来看，这部分设计着重于墙壁和棚顶，让它们看起来是把房间紧紧地拥在中间。纵向排列的展柜位于最佳视觉高度，更加强了房间的整体性。穿过去就来到试用间，再一次感受其独特的设计和多彩变换的移动灯。与后墙融为一体的竹园更是独具魅力。试用柜台的技术设计手法更为巧妙：通过遥控伸缩器，三块玻璃就会悄悄地从柜台中滑出来，这一隐蔽装置巧妙地成为顾客和销售顾问试用时的服务台。

整个蒂弗莱珠宝纽约店内部空间给人一种漫步格林 47 大街之感，其独创的贝壳外形成为 Soho 建筑风格的代表之作。

图 4-24　美国蒂弗莱珠宝纽约店卖场内部环境设计实景

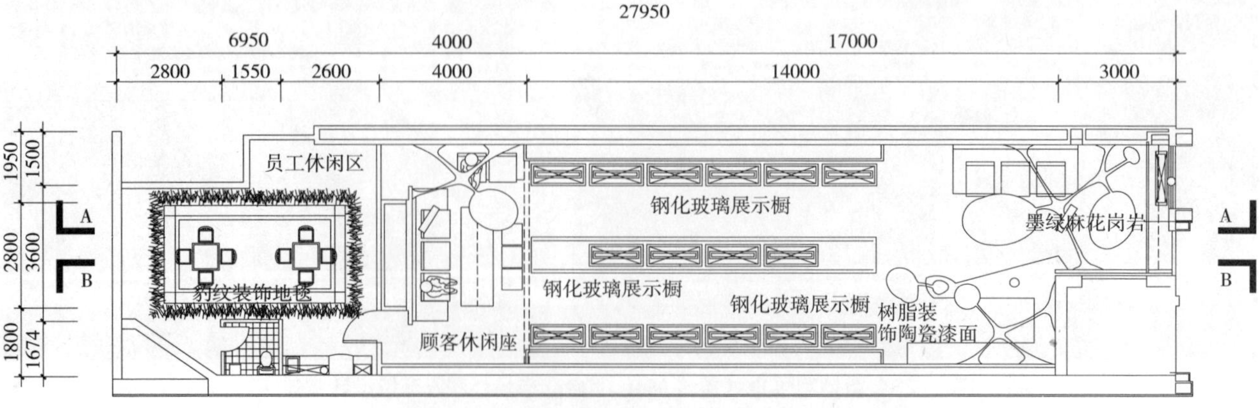

图 4-25　美国蒂弗莱珠宝纽约店卖场平面布置设计图

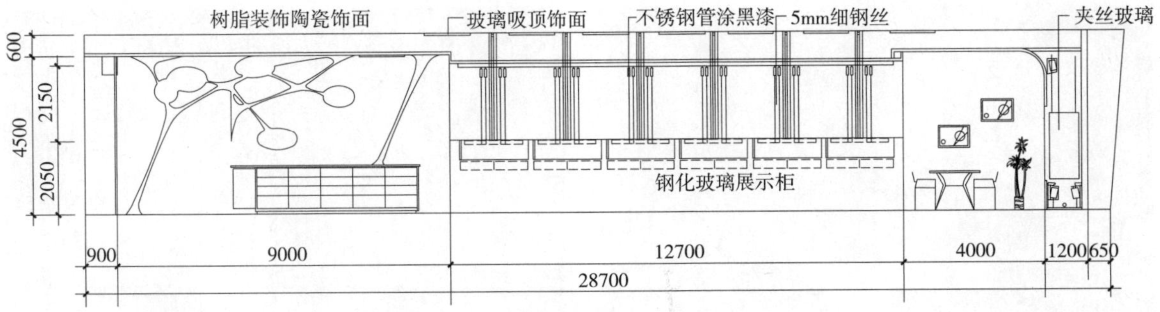

A–A剖立面图

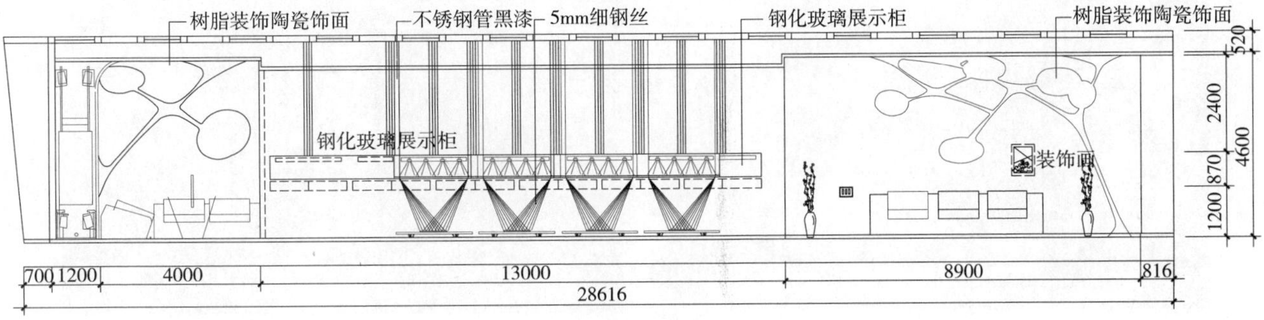

B–B剖立面图

图 4–26　美国蒂弗莱珠宝纽约店卖场剖立面设计图之一

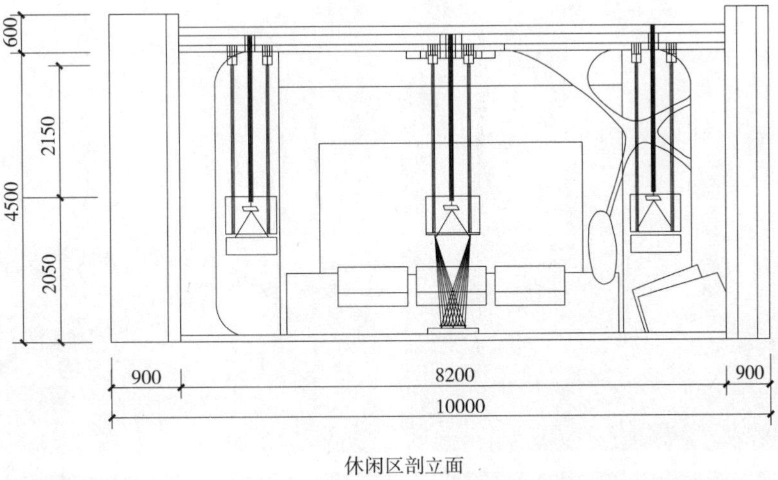

休闲区剖立面

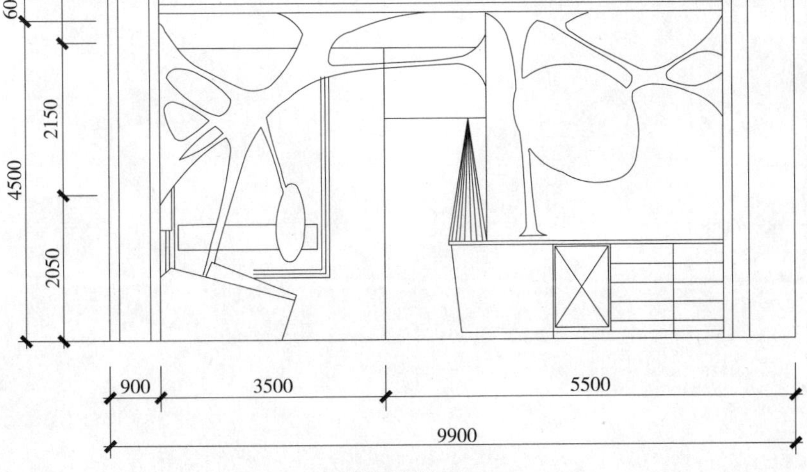

营销区剖立面

图 4–27　美国蒂弗莱珠宝纽约店卖场剖立面设计图之二

图 4–28　美国蒂弗莱珠宝纽约店卖场室内环境实景之一

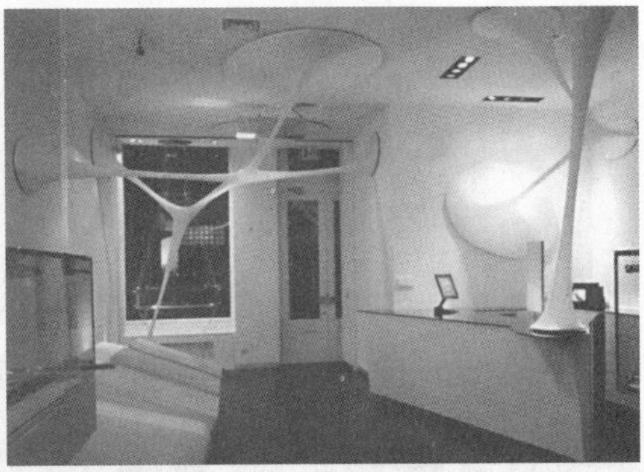

图 4-29　美国蒂弗莱珠宝纽约店卖场室内环境实景之二

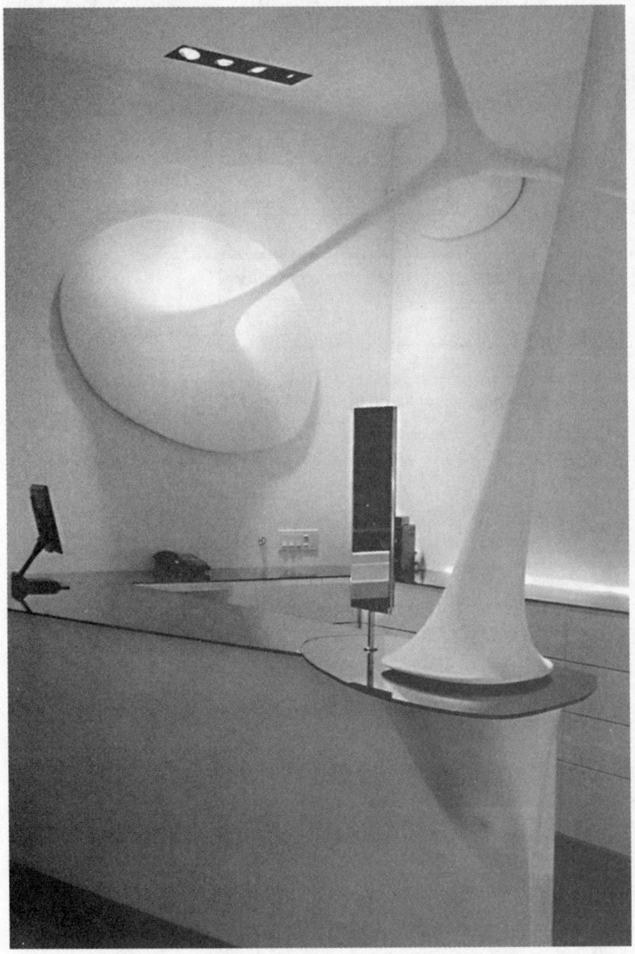

图 4-30　美国蒂弗莱珠宝纽约店卖场室内环境实景之三

五、日本东京“苹果”电脑银座店（图 4-31~ 图 4-36）

建筑设计：波林 · 塞文斯基 · 杰克逊

建筑地点：东京银座商区

建筑面积：1000m^2 左右

建设时间：2003 年

“苹果电脑银座店”于 2003 年 11 月 30 日在日本东京繁华的银座商区中一座宏伟而时尚的建筑中开业，目前，‘苹果’在美国已拥有 72 家专营店，东京银座是它的第 73 家直销店，但却是第一家海外苹果计算机直销商店。

对于苹果用户来说，苹果直销商店与其说是

图 4–31　日本东京"苹果"电脑银座店外观及入口门面环境设计实景

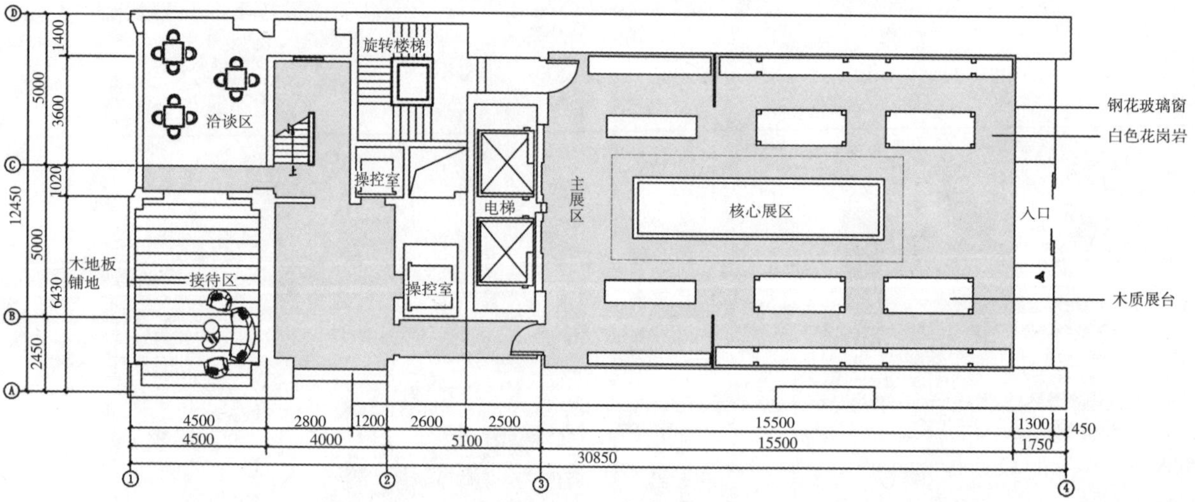

商店一层平面布置图

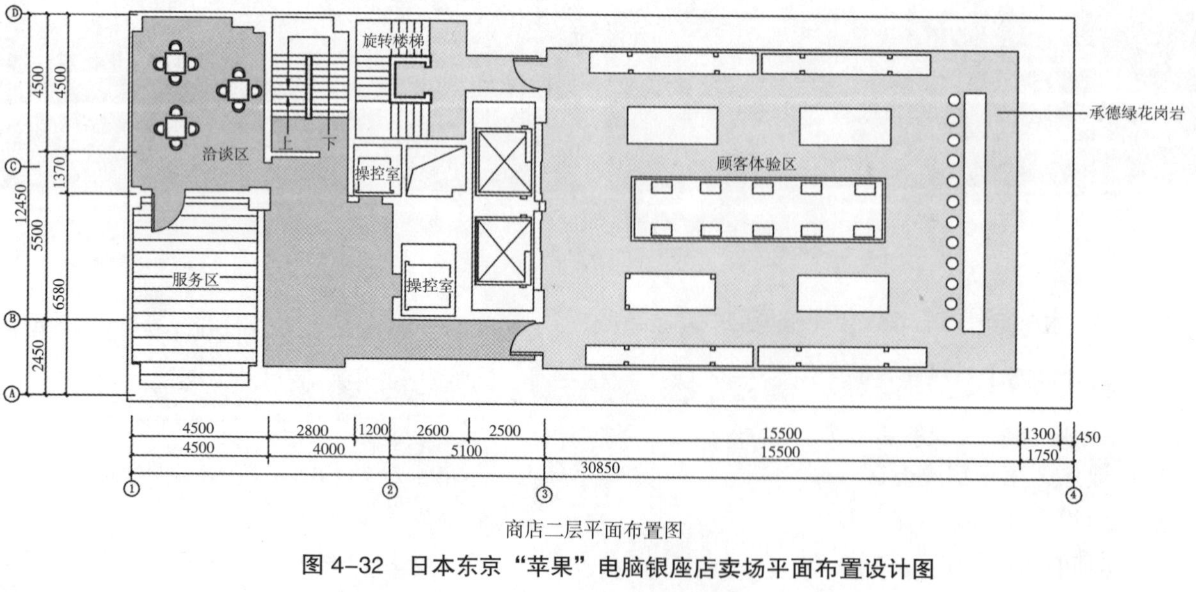

商店二层平面布置图

图 4–32　日本东京"苹果"电脑银座店卖场平面布置设计图

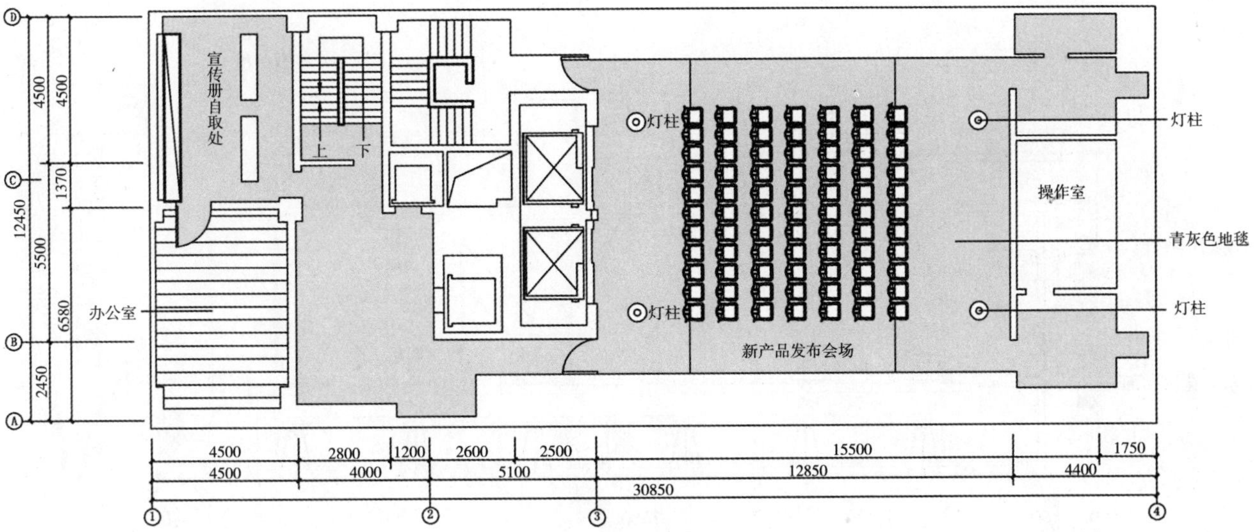

商店三层平面布置图

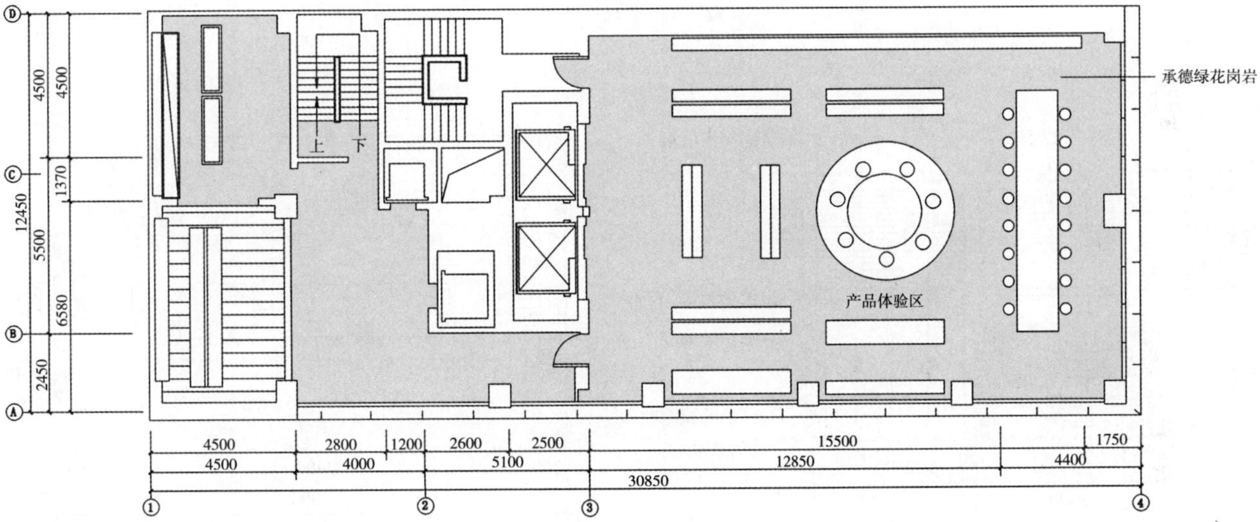

商店四层平面布置图

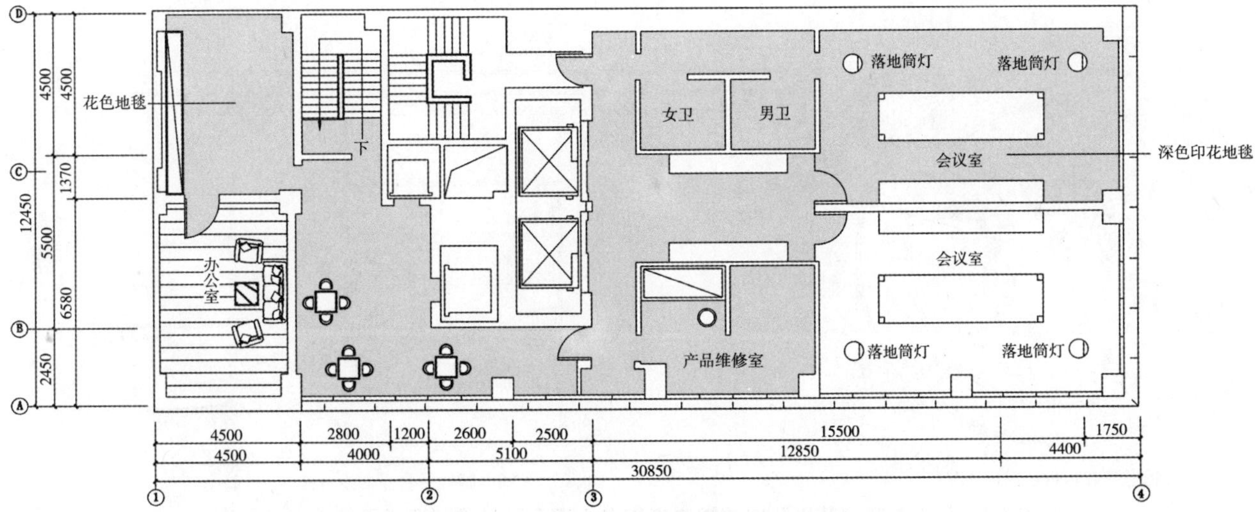

商店五层平面布置图

图 4–33　日本东京“苹果”电脑银座店卖场平面布置设计图

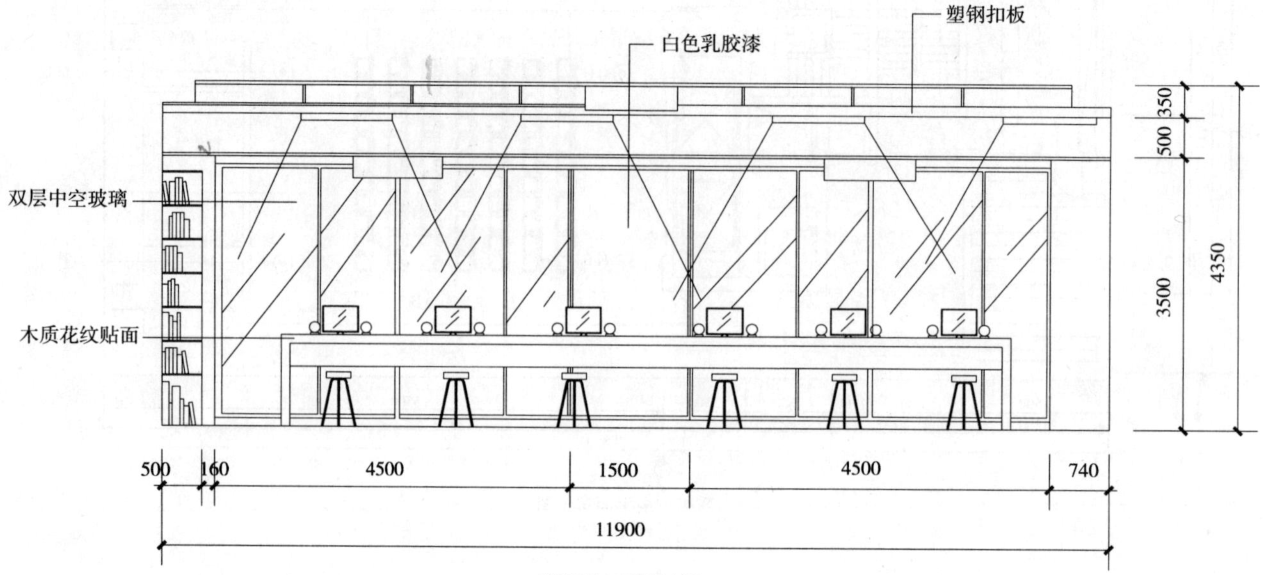

商店剖立面设计图

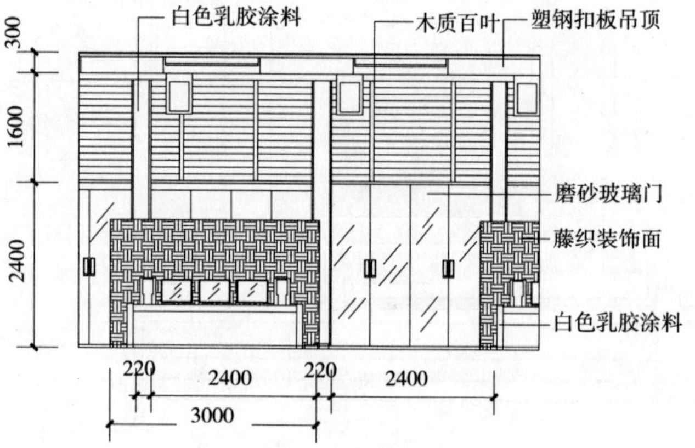

商店立面设计图

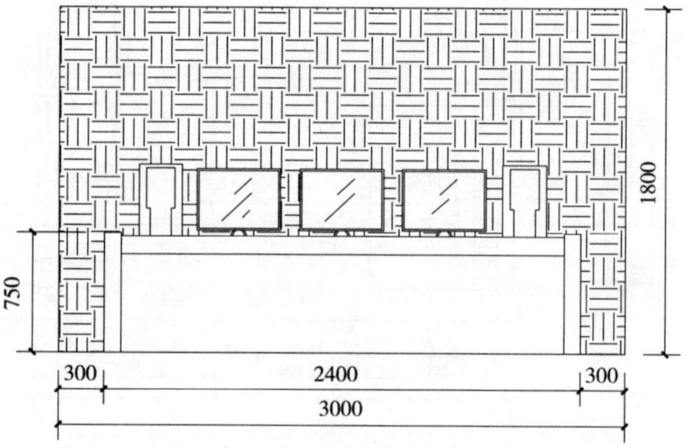

商店电脑展示台立面设计图

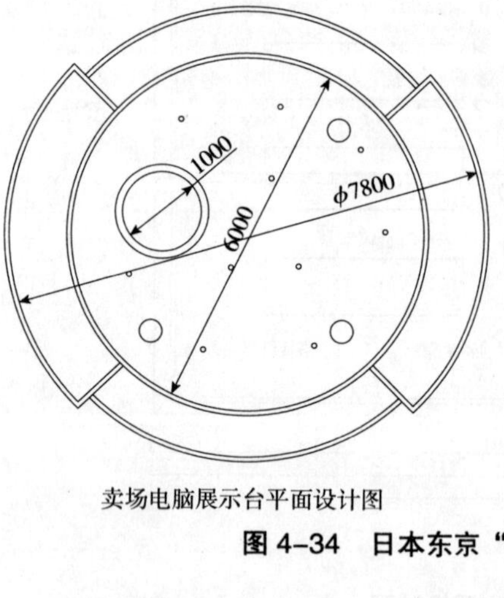

卖场电脑展示台平面设计图

卖场电脑展示台立面设计图

图 4–34　日本东京“苹果”电脑银座店卖场立面及展示陈列橱柜平、立面设计图

图 4–35　日本东京“苹果”电脑银座店卖场室内环境实景之一

图 4–36　日本东京“苹果”电脑银座店卖场室内环境实景之二

苹果产品的销售店，不如说是苹果产品体验的天堂。直销店提供给用户实机感受产品性能的特权，许多顾客也是来到直销商店亲身感受过新产品后才决定购买。在直销商店里还有专业销售人员为顾客讲解产品的应用解决方案，以为新老顾客提供专业使用指南。

该银座是一座8层的建筑，被波林·塞文斯基·杰克逊整修成一种简单的直线造型。立面在前3层采用了喷沙不锈钢板，并且只是简单地展示着“苹果”的标识。剩下的5层在地板到顶棚的不锈钢滑动玻璃门前面安装了一种有间隙接头的玻璃雨幕系统。双层外壳采用了瓷制的夹层玻璃面板，它里面有一个特殊的夹层，形成一个简约而优雅的外部帘子，从而起到保温作用。

为了克服垂直的结构并保证顾客流不会受到干扰，“苹果”构思了一种专门设计的全玻璃电梯，使用了奥的斯（Otis）全玻璃门，这种玻璃门没有框架，并且电梯井在一块大而清晰的玻璃后面完全暴露在外。两个电梯间起着像拖车一样的作用，而并非传统的电梯间。这就意味着乘坐者不是呼叫电梯，而是当它滚动着经过时进入电梯，并且被自动带到下一层。这两个电梯间以相反的方向同步移动，并且在电梯井的中部经过对方。这种构思使得电梯在感觉上像是店内空间的延续，或者像一条连接着5个楼层的垂直移动的人行道。

这座5层楼高的玻璃建筑为顾客提供了不同的方式来体验“苹果”的系列产品，店内销售区面积大约1000m^2，全部用来展示和销售苹果电脑的最新产品。包括iMac电脑、Power Mac G5电脑、iPod音乐播放器以及苹果的全线电脑及外围设备产品等，同时还有专门的参考教程书籍销售。苹果公司还为它所有的产品提供了一个48小时的维修服务。除了销售区外，“苹果电脑银座店”还有许多不同的世界，包括一个互联网咖啡吧，在那里任何人都可以收发Email，或者使用苹果的iChat，或者iSignr数字视频会议摄像机与朋友或家人进行视频会议；一间咨询室，在那里说10种不同语言的Mac专家（包括日语、英语、汉语、粤语、韩语、泰语、意大利语、西班牙语、法语及葡萄牙语），为顾客提供各种相关问题的咨询服务；一个用于示范和讲演的阶梯教室，可容纳84人，在那里消费者可以观看苹果最新产品的DEMO演示或参加专题讲座；若干用于培训苹果硬件和软件的使用方法以及手绘技巧的培训教室，教室内设备配置完善，每月可开展容纳400人的培训活动；一个少年儿童专区，在那里专门为来到直销店的孩子们提供了教育软件和新款游戏的上机体验机会。

浏览整个银座直销商店内外空间环境，只见所有楼层的地板和墙壁都采用了灰白色的石灰石和喷沙处理的不锈钢。店内的家具包括简单的大理石桌子和长椅，为了突出所展示的高雅的电脑和软件，这些只是进行了最简化的布置。顾客可以观看并且触摸展示品，然后在柜台那里预订并购买它们。而在直销商店的第四层和第六层，灰白色的声学纤维墙壁和地毯，以及奢侈的座椅，为小剧场和演示教室里的学习环境奠定了基调。

“苹果电脑银座店”营销环境旨在重现其公司所倡导时尚而充满技术的生活方式，以及亲身实践的‘苹果’直销商店体验上的成功，而这种生活与体验方式无疑是简约而有效的。

六、台北美丽百乐园华购物中心（图4-37~图4-48）

事务所：宗迈建筑师事务所建筑师费宗澄、陈迈等

座落地点：台北市中山区大湾北段（大直）

基地面积：24764m^2

建筑面积：14188m^2

层数：地下三层、地上九层

景园：TOKYOPINHOLE（JAPAN）

老圃造园工程股份有限公司

室内：TOKYOPINHOLE（JAPAN）

竣工时间：2004年

全新概念的现代商业设施“美丽华百乐园”购物中心位于台北市基隆河截弯取直后，首座在原河床兴建的大型购物中心，也是大直首座购物中心。该商业中心于2004年11月19日开业，其后周围聚集了许多卖场及百货商城，且逐渐形成台北大直的美丽华商区。现美丽华百乐园东有“台

北硅谷”之称的内湖科技园区，西接明水路的豪宅区，北面是青翠的阳明山以及故宫博物院，南临美丽的基隆河，山光水色均是绝佳的地理环境。商区内道路规划齐全，公共设施完善，建筑物规划集中，塑造出区域内优质的商业营销环境。并且商区内外交通十分便捷，台北捷运剑南路站的出口，正面对着美丽华百乐园。如今，这个复合式的商业空间仍在继续发展当中。

美丽华基地面积 7500 坪（$24750m^2$）[①]，容积率 250%，总建坪面积为 38000 坪（$125400m^2$），营业面积为 25000 坪（$82500m^2$），并配合全区 50% 绿化，大街廓、低密度的开发，呈现出独特的城乡新风貌。其中包括购物商场、餐厅、电影院、超市，此外还有摩天轮和旋转木马两项游乐设施。

图 4-37　台北美丽百乐园华购物中心外观及环境设计实景

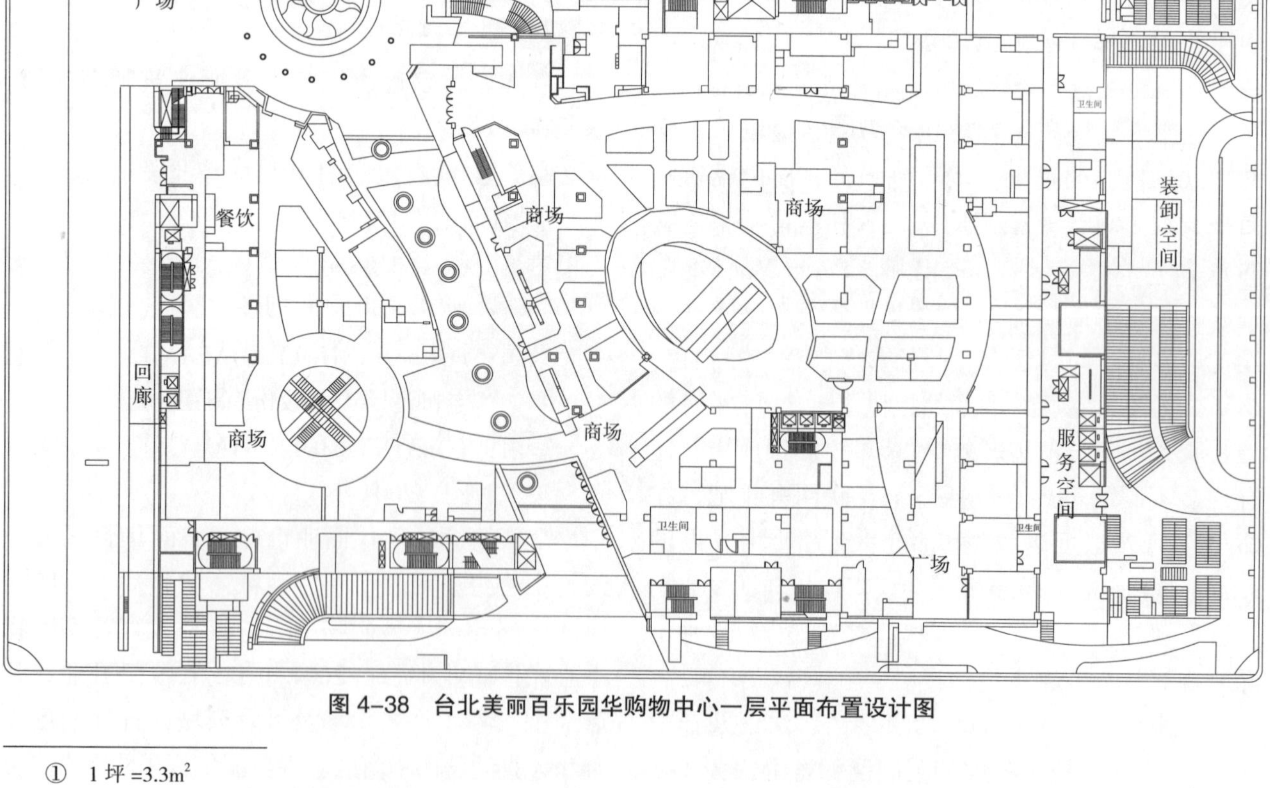

图 4-38　台北美丽百乐园华购物中心一层平面布置设计图

① 1 坪 =$3.3m^2$

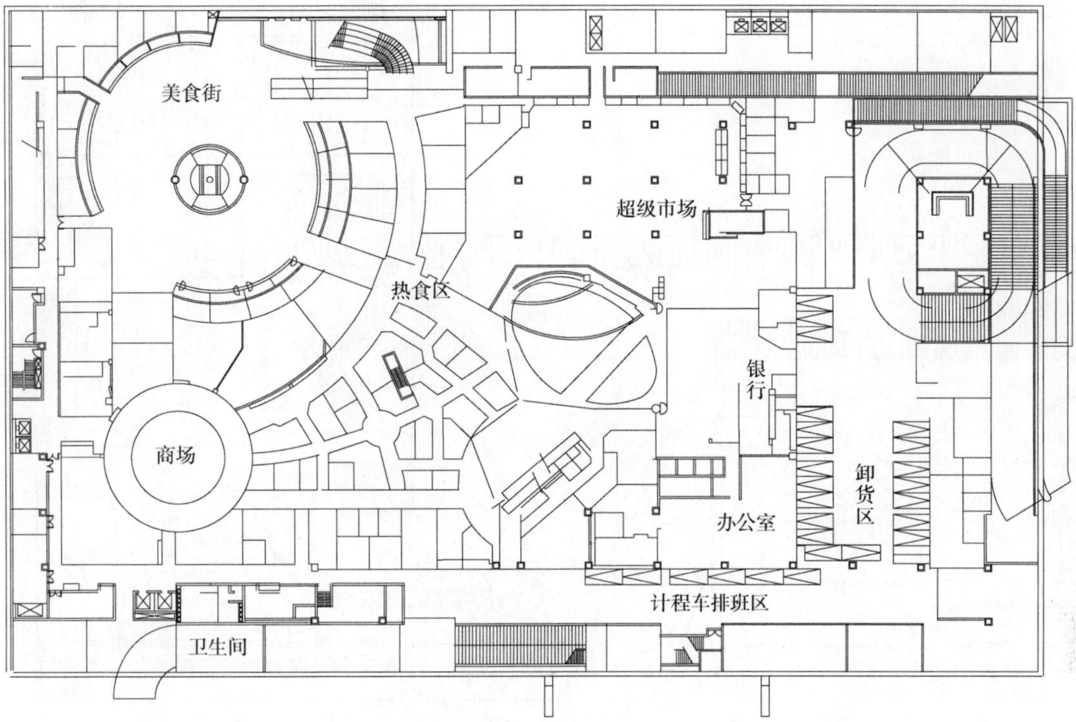

地下一层平面布置设计图

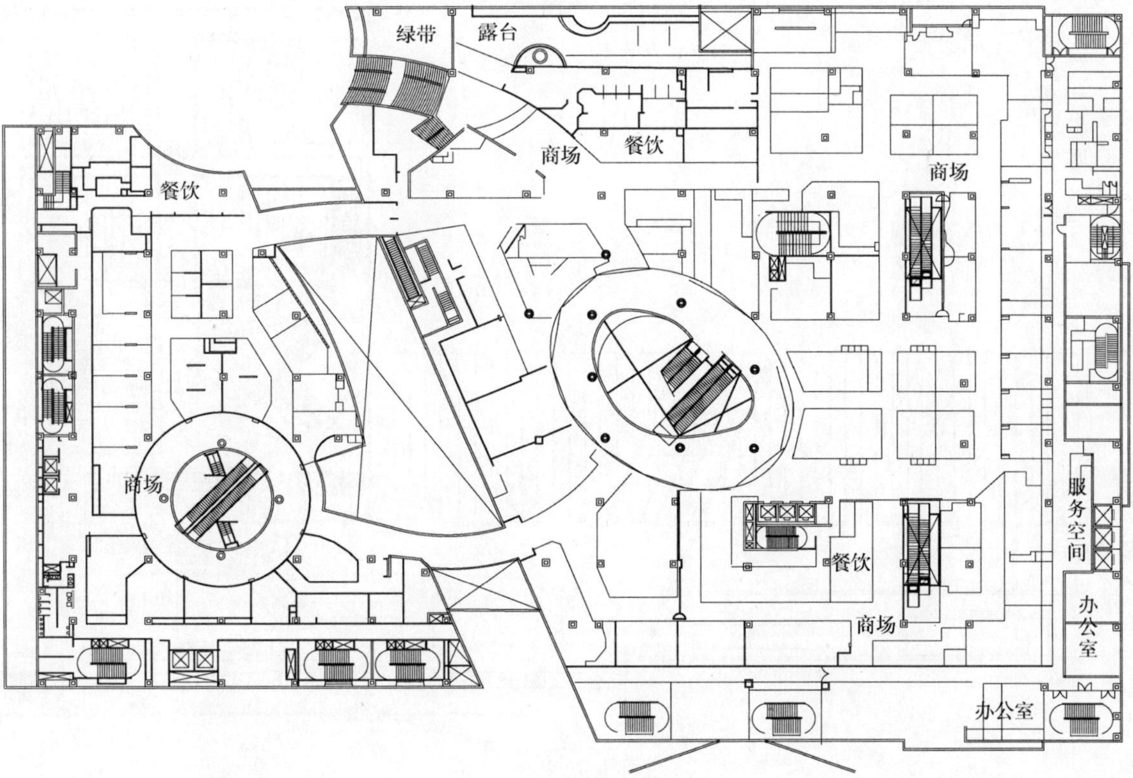

二层平面布置设计图

图 4-39 台北美丽百乐园华购物中心地下一层与二层平面布置设计图

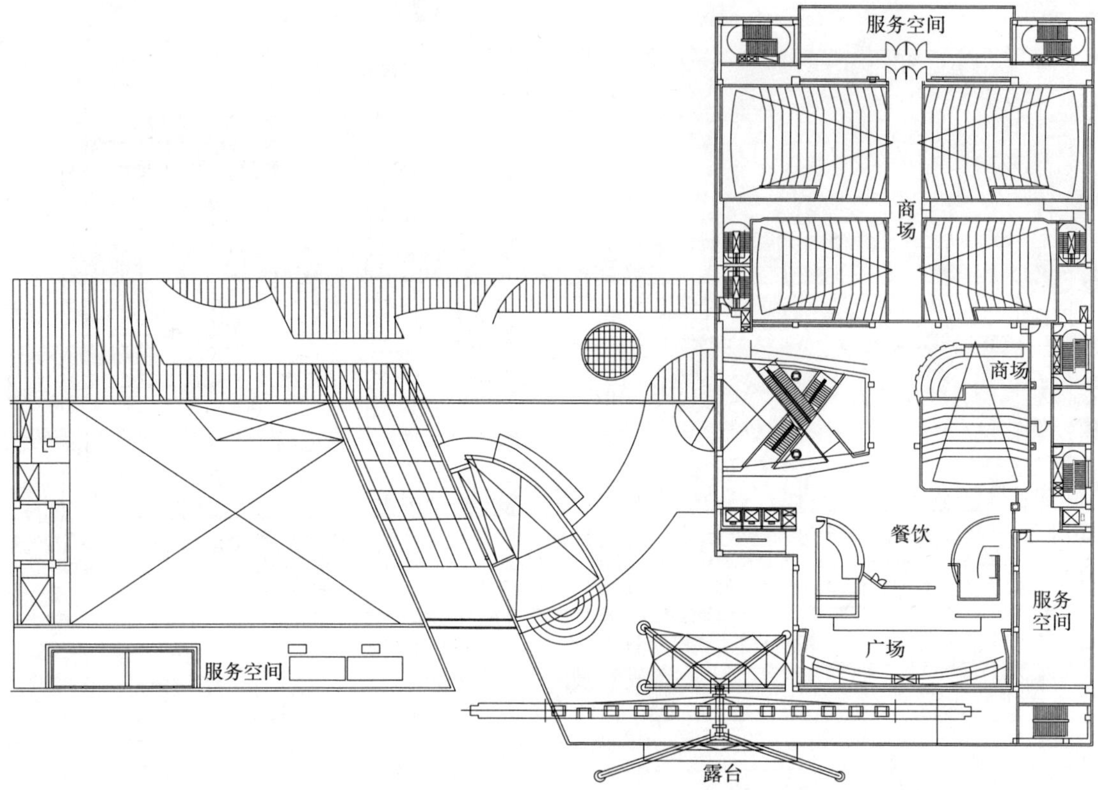

六层平面布置设计图

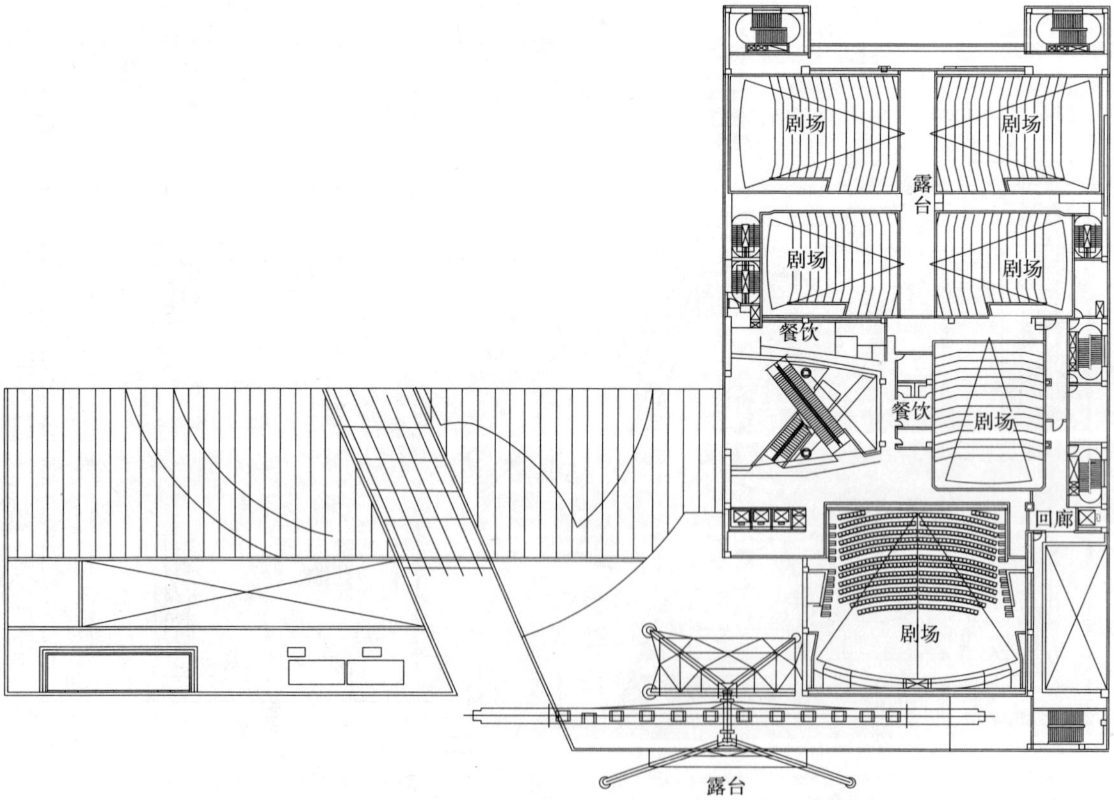

七层平面布置设计图

图 4–40　台北美丽百乐园华购物中心六层与七层平面布置设计图

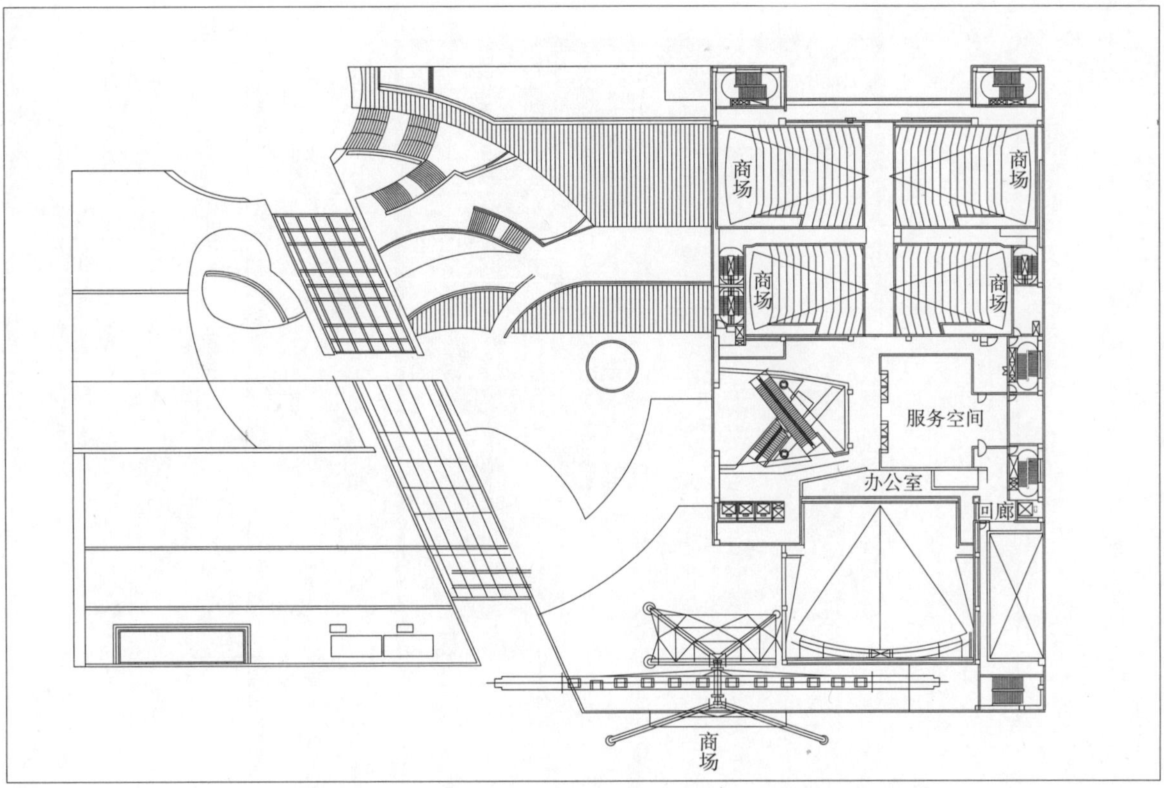

图 4-41　台北美丽百乐园华购物中心八层平面布置设计图

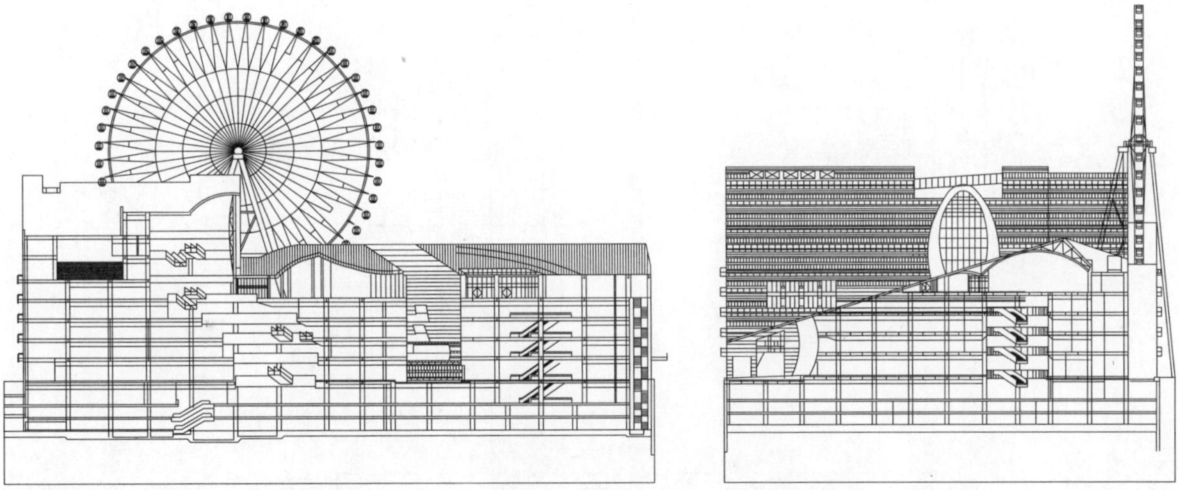

图 4-42　台北美丽百乐园华购物中心剖立面设计图

图 4-43　台北美丽百乐园华购物中心摩天轮实景图

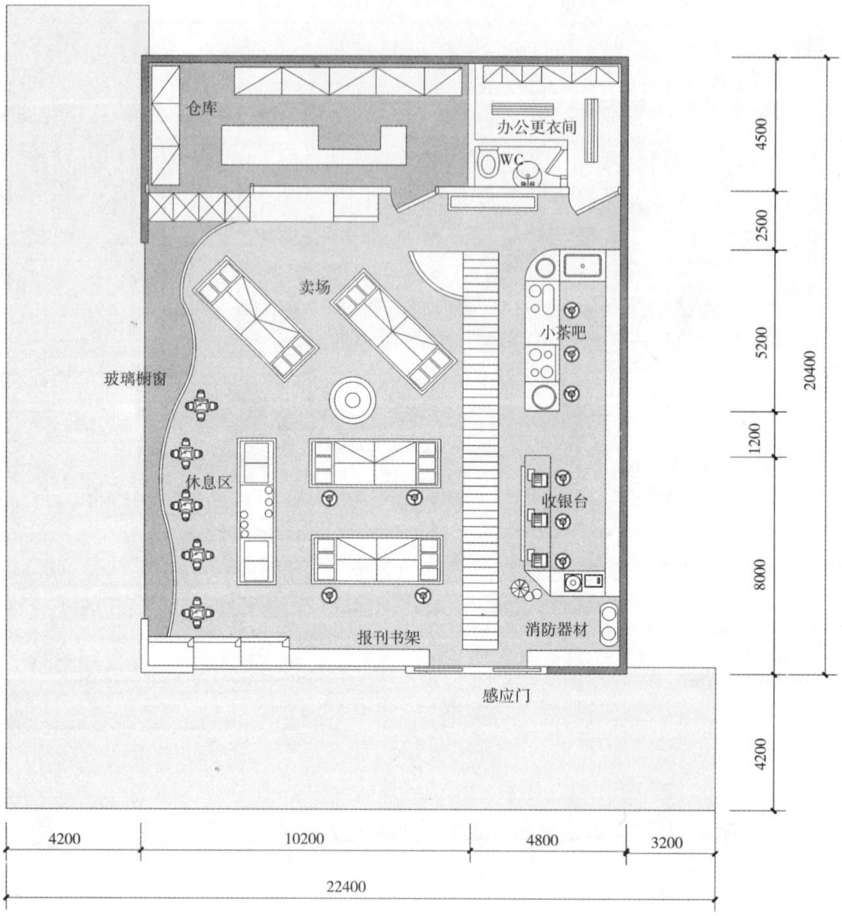

平面设计图

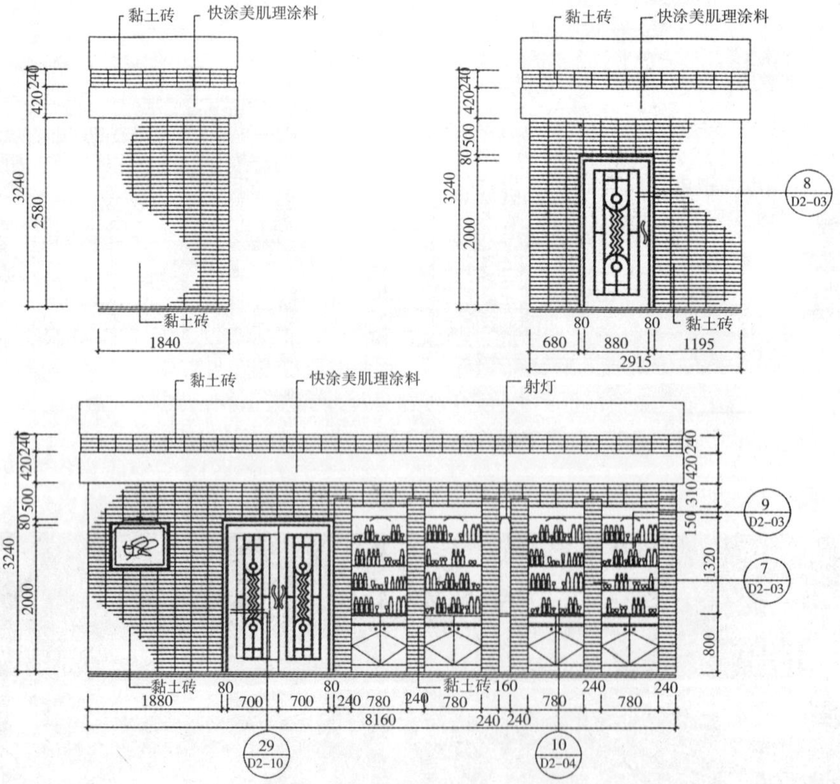

剖立面设计图

图 4–44　台北美丽百乐园华购物中心酒类卖场剖立面设计图

图 4–45　台北美丽百乐园华购物中心卖场室内环境实景之一

图 4–46　台北美丽百乐园华购物中心卖场室内环境实景之二

图 4–47　台北美丽百乐园华购物中心卖场室内环境实景之三

图 4–48　台北美丽百乐园华购物中心建筑外观及环境夜景实况

美丽华百乐园的楼层规划特色以时尚流行、名媛绅士、个性化为主轴，地上五层分别以都会流行、花样甜心、个性魅力、运动休闲、TATA–U等为特色，地下一楼则设有美食天地、居家生活、国际精品、时尚名媛、绅士家用、欢乐儿童、美丽娱乐等项目。

美丽华百乐园最具特色的应是全台首创的百米摩天轮，绕行一周须约 17 分钟，并装设有 624 组的霓虹灯管，更搭配了“天の乐、地の彩、风の舞”等三种霓虹灯管秀，增添不少视觉享受，它可说是结合娱乐、科技、艺术于一体，可以媲美日本“东京台场摩天轮”，更成为台北市的新地标。

巨型摩天轮白昼截然不同的景致，满足了许多人的浪漫想象，登上摩天轮就能亲身体验一趟幸福飞翔之旅，感受偶像剧中的浪漫情境，更一跃成为众多情侣约会的首选景点。每当夜晚来临，摩天轮会依照“天の乐、地の彩、风の舞”等主题绽放光彩炫丽的霓虹灯光，像宝石一样闪闪发亮，成为台北城夜空的一个美丽景观。

七、香港又一城商业中心（图 4–49~图 4–55）

建筑开发：香港太古地产及中信泰富

建筑地点：香港九龙塘达之路 80 号

建筑面积：92500m^2

竣工时间：1998 年

位于香港九龙塘达之路 80 号的“又一城”，既是香港充满创意与欢乐的国际级时尚大型购物

图 4–49　香港又一城商业中心建筑鸟瞰及外观环境设计实景

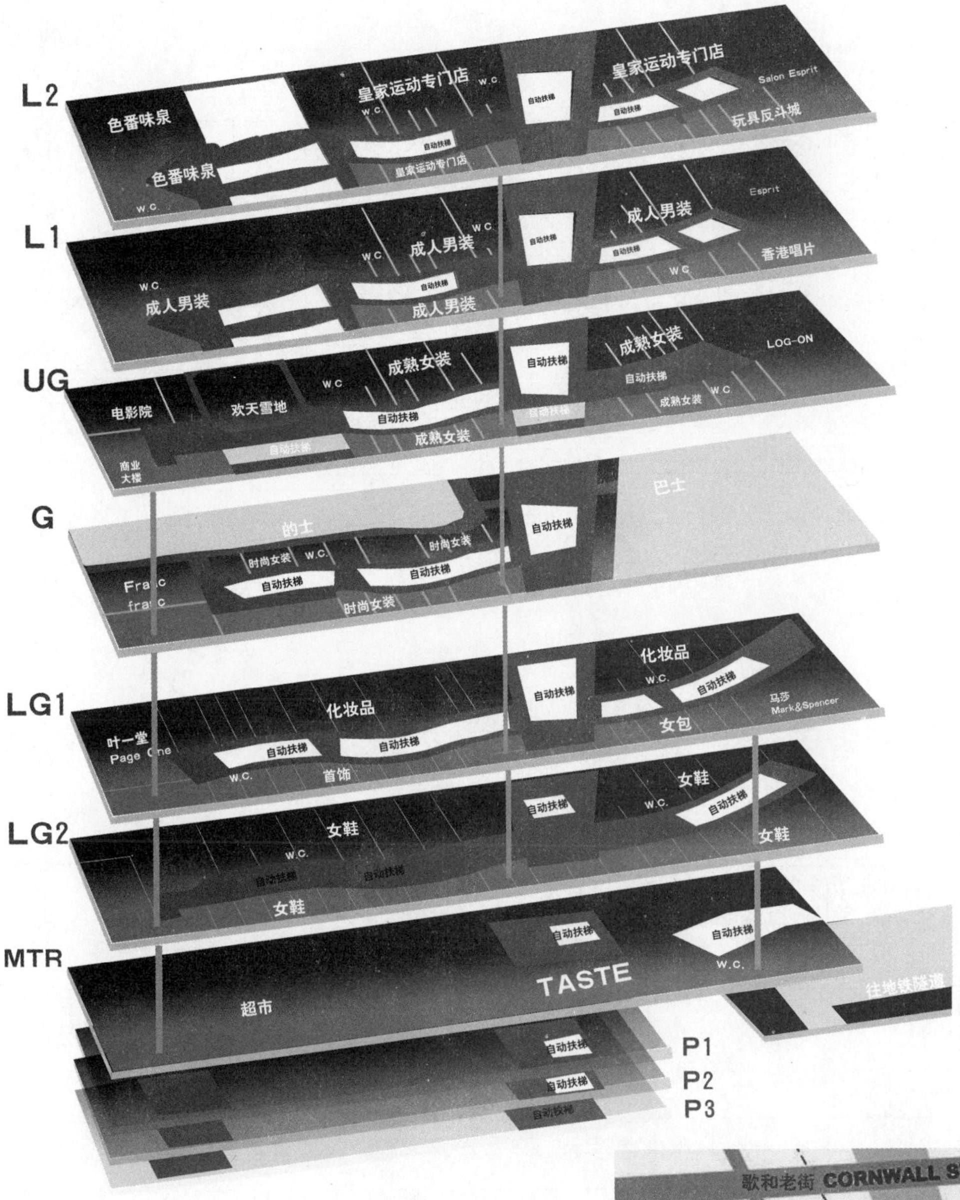

建筑各层平面布置设计图

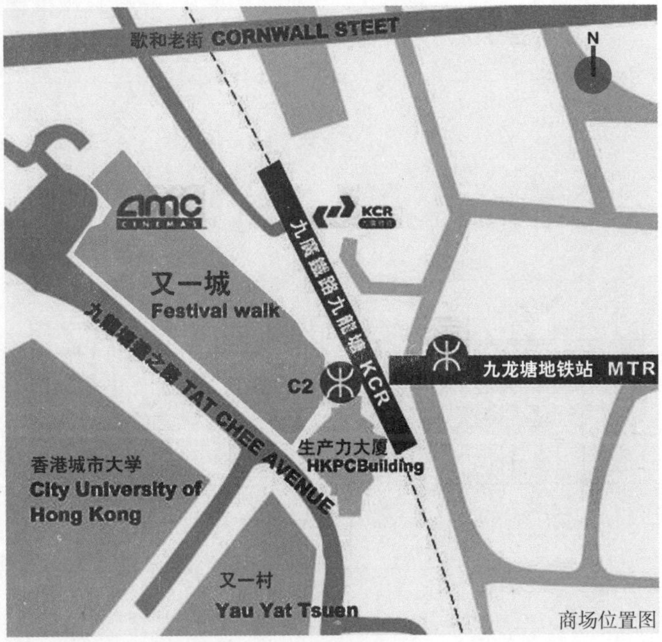

商场位置图

图 4–50　香港又一城商业中心建筑各层平面布置设计与商场位置图

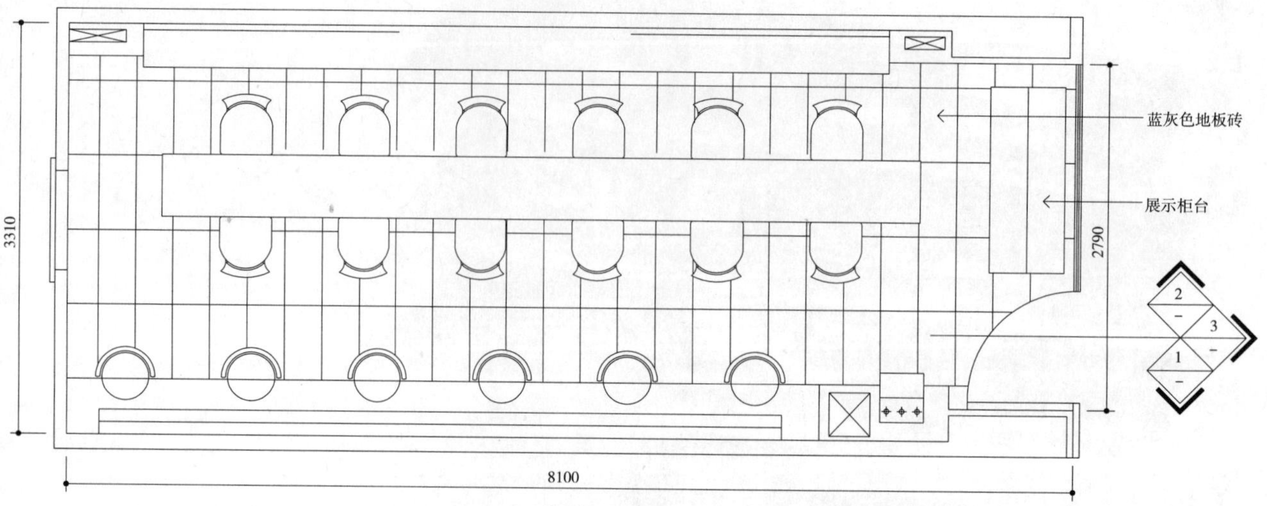

PLAN
平面布置图

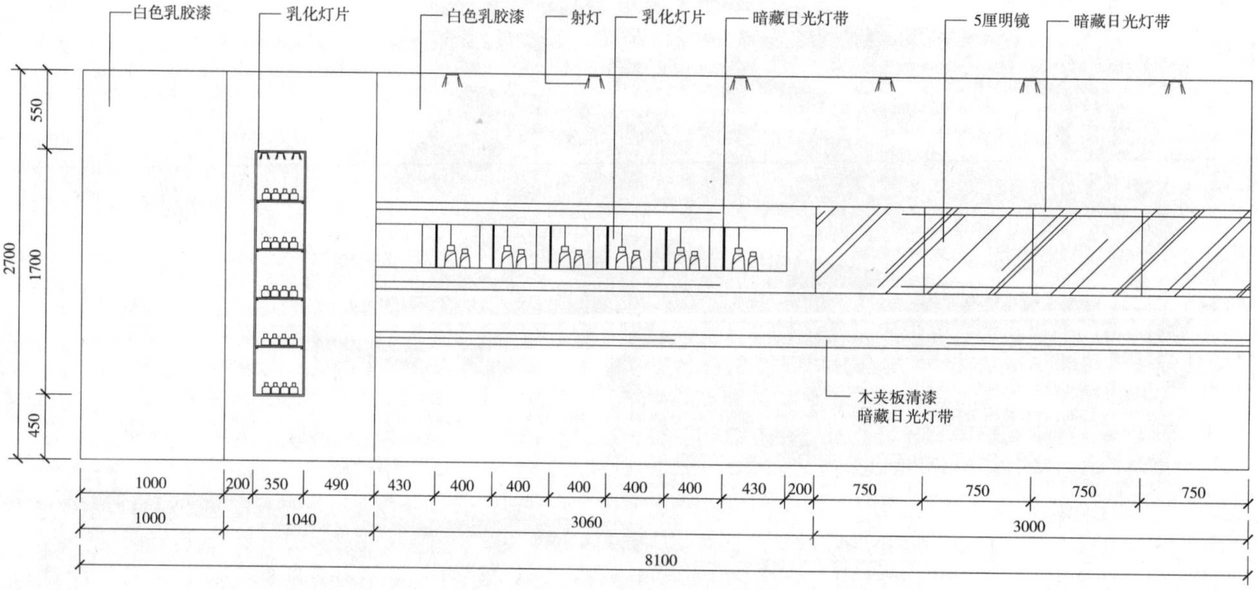

1 ELEVATION
立面图

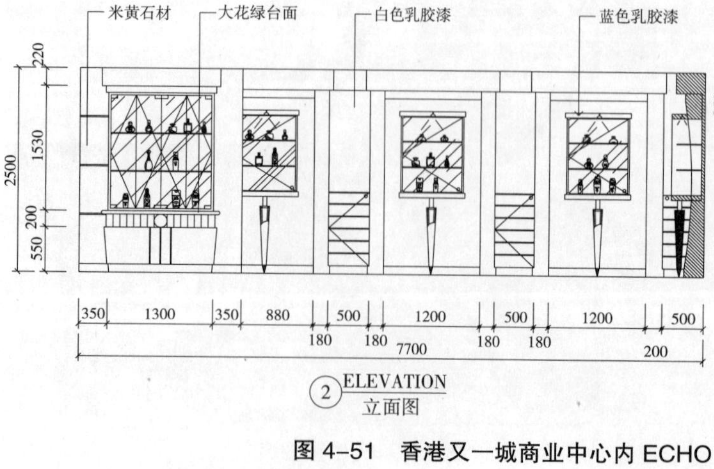

2 ELEVATION
立面图

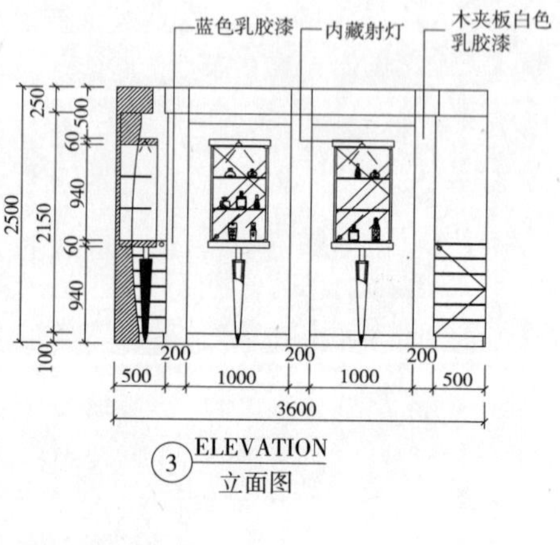

3 ELEVATION
立面图

图 4–51　香港又一城商业中心内 ECHO 首饰店室内环境设计图

图 4–52　香港又一城商业中心卖场室内环境实景之一

图 4-53　香港又一城商业中心卖场室内环境实景之二

图 4–54　香港又一城商业中心卖场室内环境实景之三

图 4-55 香港又一城商业中心卖场室内环境实景之四

商场之一，也是一个城市的客厅、假日新天地，一个非常成功的城市区域级性购物中心。

又一城由香港太古地产及中信泰富开发，毗邻香港城市大学及又一城，属于地铁上盖物业。又一城的建筑风格是现代简约风格，是一个由商场和写字楼的结合建筑，商场共 7 层（地面层有 5 层），总建筑面积约为 9.25 万 m^2，另外西北部建有 4 层写字楼，总建筑面积约为 2 万 m^2，设有 3 层地下停车场，约 850 个停车位，于 1998 年建成。

在又一城近 10 万 m^2 的购物空间中，网罗了享负盛名的各式店铺 200 余间，有时尚服饰、家居精品，以至美容护肤、书籍等；融合了多元化的特色旗舰商店及时装概念店。又一城的设计为商铺提供更加宽敞的营销空间，并让零售店铺可更灵活地进行设计与室内布置。同时，又一城在为不同喜好的顾客提供更为多元化的选择之外，更是美食、娱乐与消闲的好去处。又一城内设约 30 间中西食肆，可提供世界各地美食，丰俭由人。当中包括美国风味的 Dan Ryan's，Pacific Coffee 的 Cappuccino，还有翰腾阁的精致点心，各适其式。不论您想品尝什么美食，又一城都会是具时尚品味的宴飨之地，带给您与众不同的美食新体验。并设有全港最大之一的室内溜冰场以及拥有 11 个银幕的 AMC 电影城，从而能为顾客提供既多元化又舒适的服务。是集合购物、美食、娱乐于一身的消闲热点。由时尚服饰、家居精品，以至美容护肤及书籍等均一应俱全。又一城的设计强调大自然气息及空间感，主要利用自然阳光及宽敞空间，营造舒适的消闲购物环境，游人置身其中，可以充分感受悠闲的购物乐趣。

又一城位于九龙的中心地带，设有完善的公共交通网络，乘搭地铁及火车均可直达九龙塘站。即使由港、九、新界甚至内地前来，都十分便捷。

又一城是个充满创意与欢乐的国际级大型购物商场，置身其中可感到一股澎湃活力。令人赞叹的世界级设计以围绕大自然及强调空间感为主，把自然阳光及宽敞空间融合为一。自开业以来，又一城吸引了大批本地及访港旅客前往消闲玩乐，周末及公众假期更是游人如鲫，消闲购物已成为当今香港城都市生活中不可或缺的一环。

八、南京新街口百货商店（图 4-56~图 4-65）

建筑设计：北京市建筑设计院　刘力、周文强、马三龙

建筑地点：南京市新街口

建筑面积：138000m^2

竣工时间：1999 年

巍巍紫金山麓，悠悠扬子江畔。六朝古都金陵，历史文化名城，镶嵌着一颗商业明珠——南京新街口百货商店股份有限公司。商厦坐落于南京市

图 4-56　南京新街口百货商店建筑及内庭环境设计实景

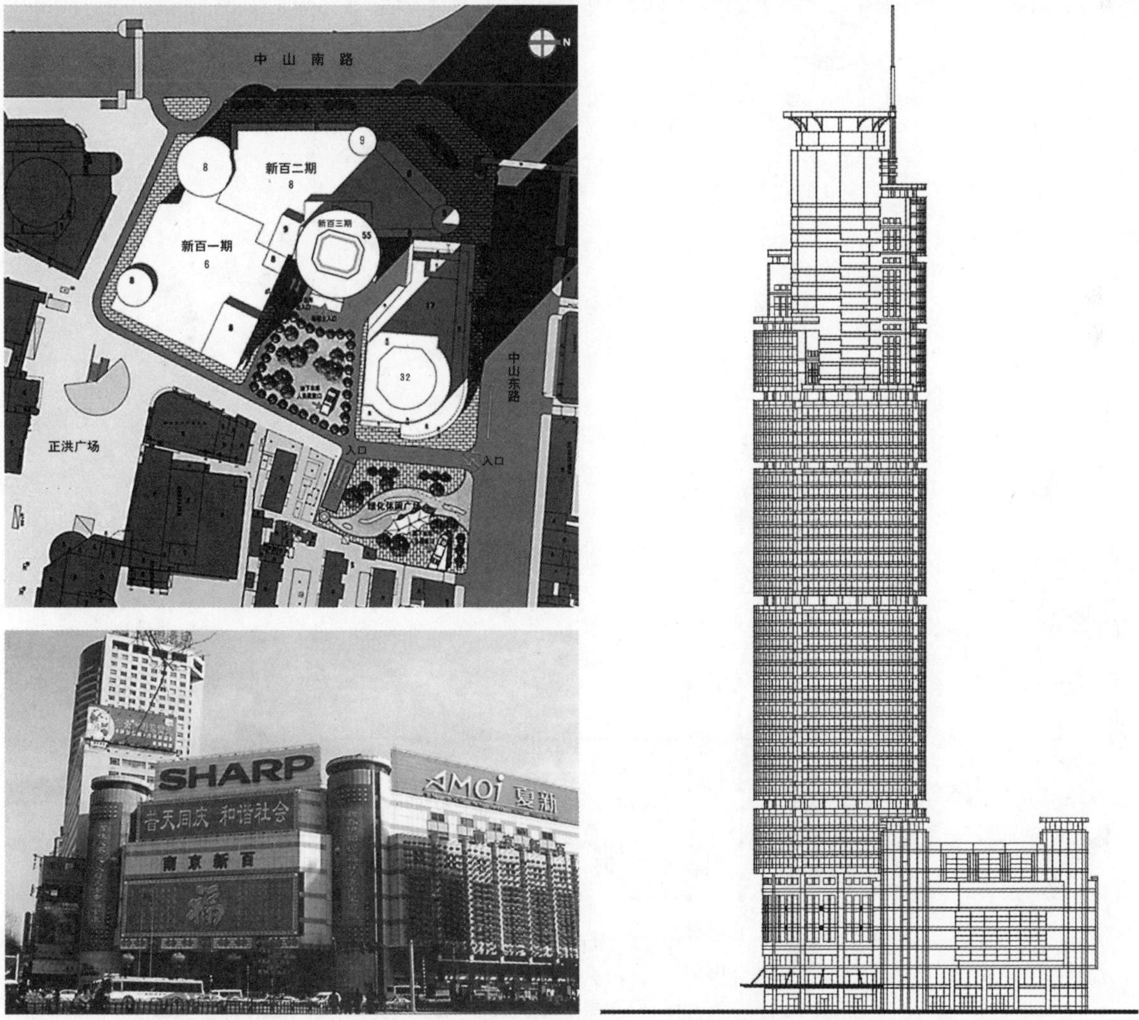

图 4-57　南京新街口百货商店建筑总体平面布置、卖场建筑外部造型及立面设计图

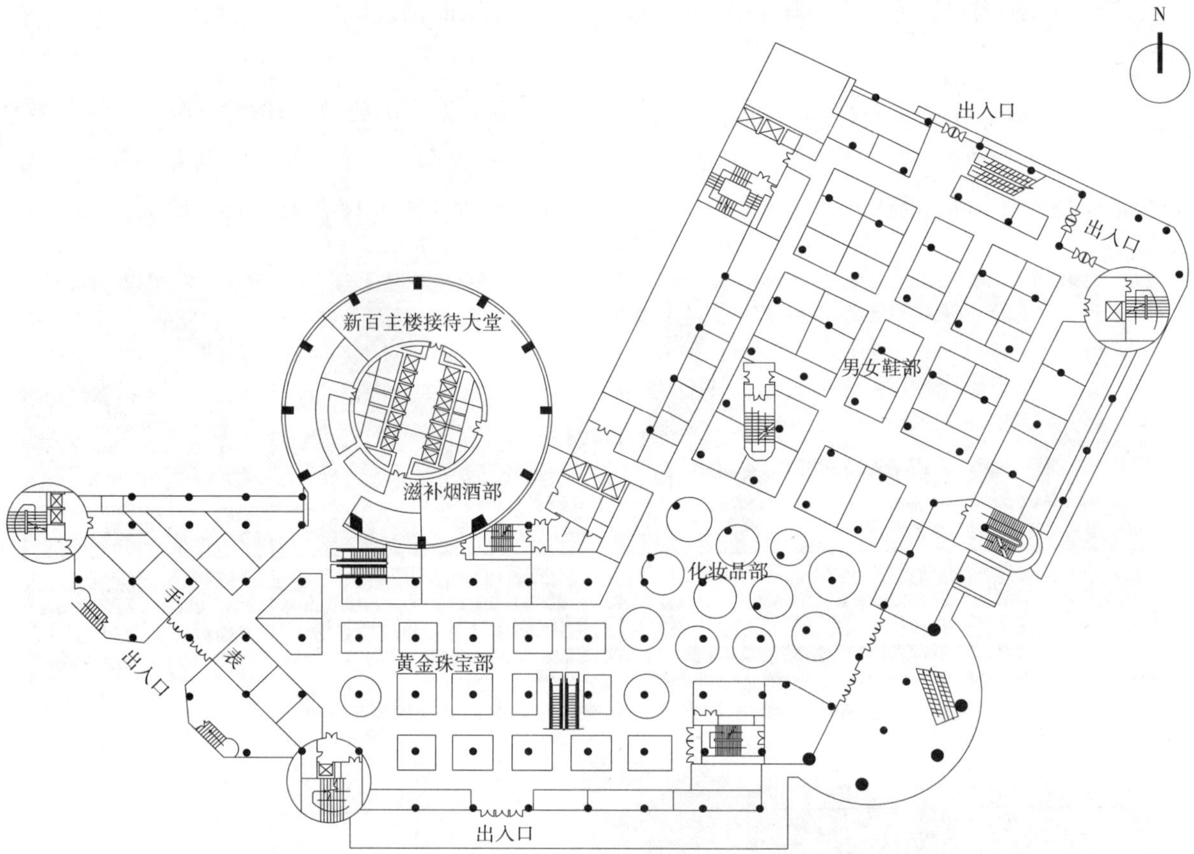

卖场一层平面布置设计图

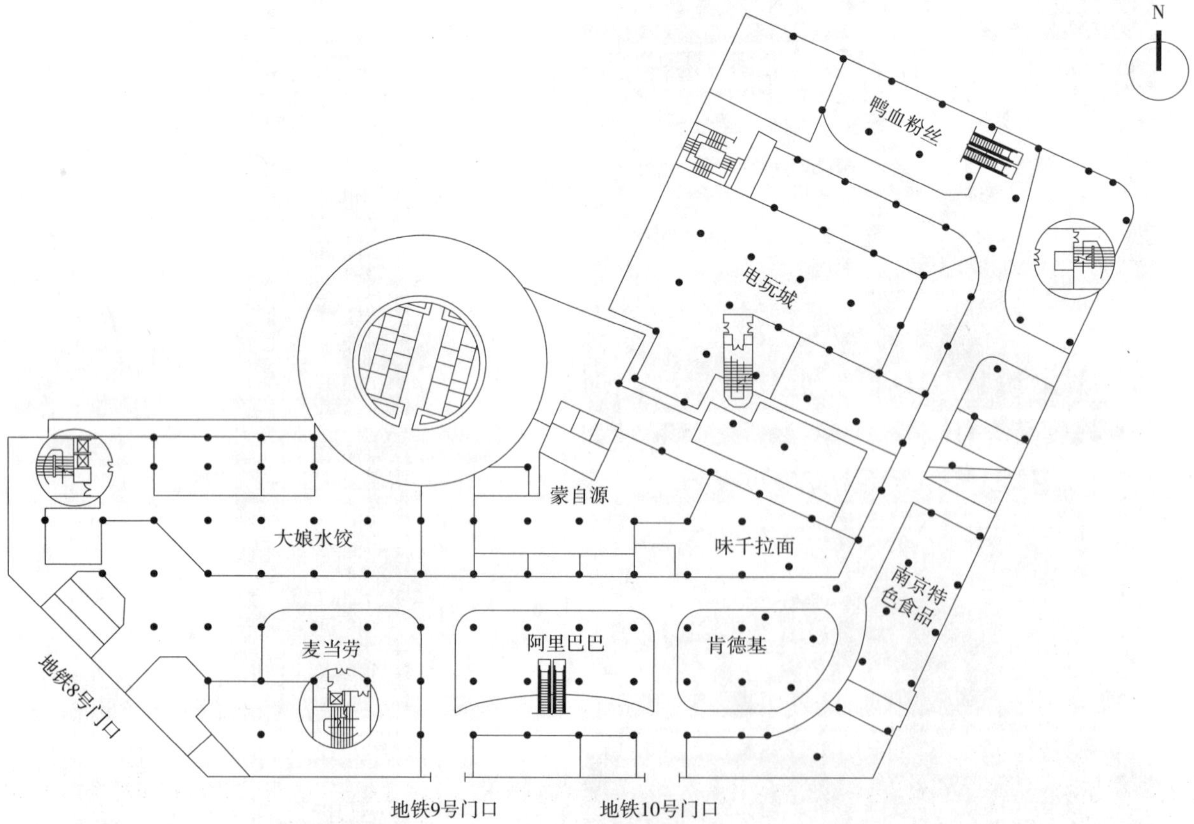

卖场地下一层平面布置设计图

图 4–58　南京新街口百货商店建筑卖场一层平面及地下一层平面布置设计图

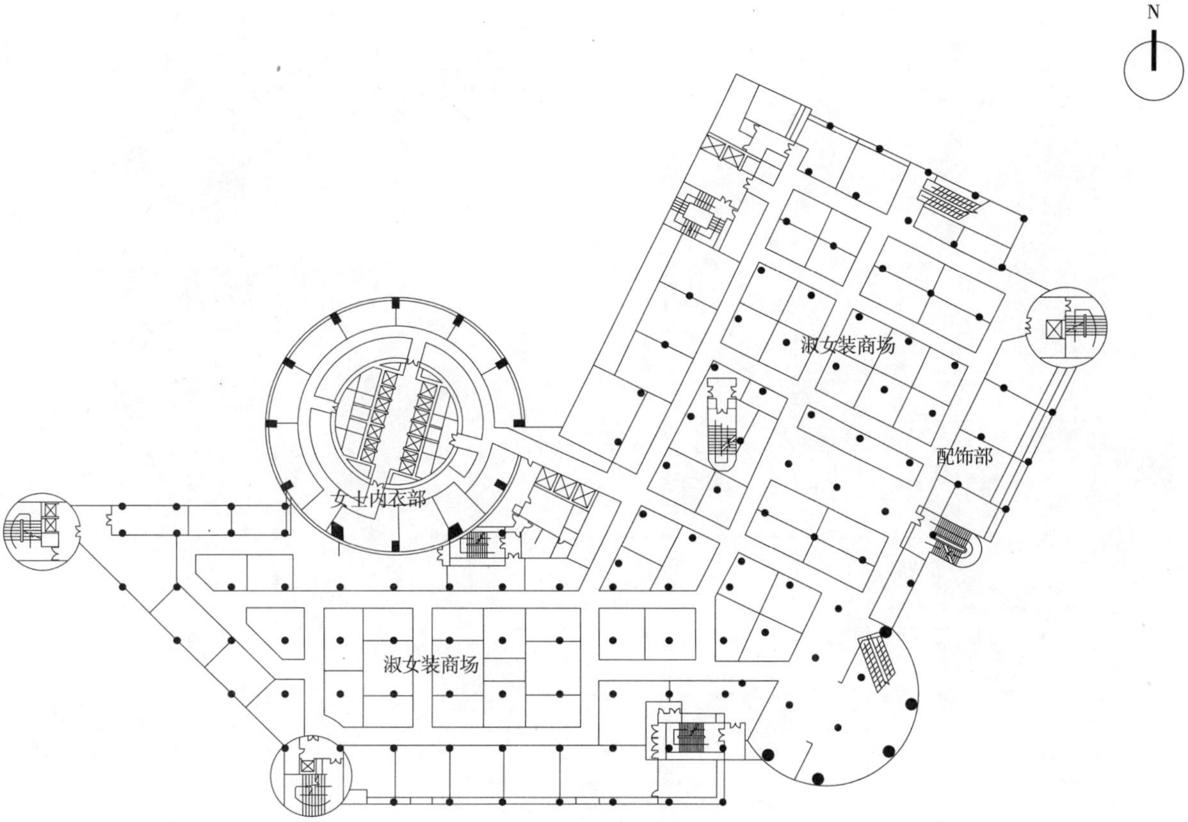

卖场二层平面布置设计图

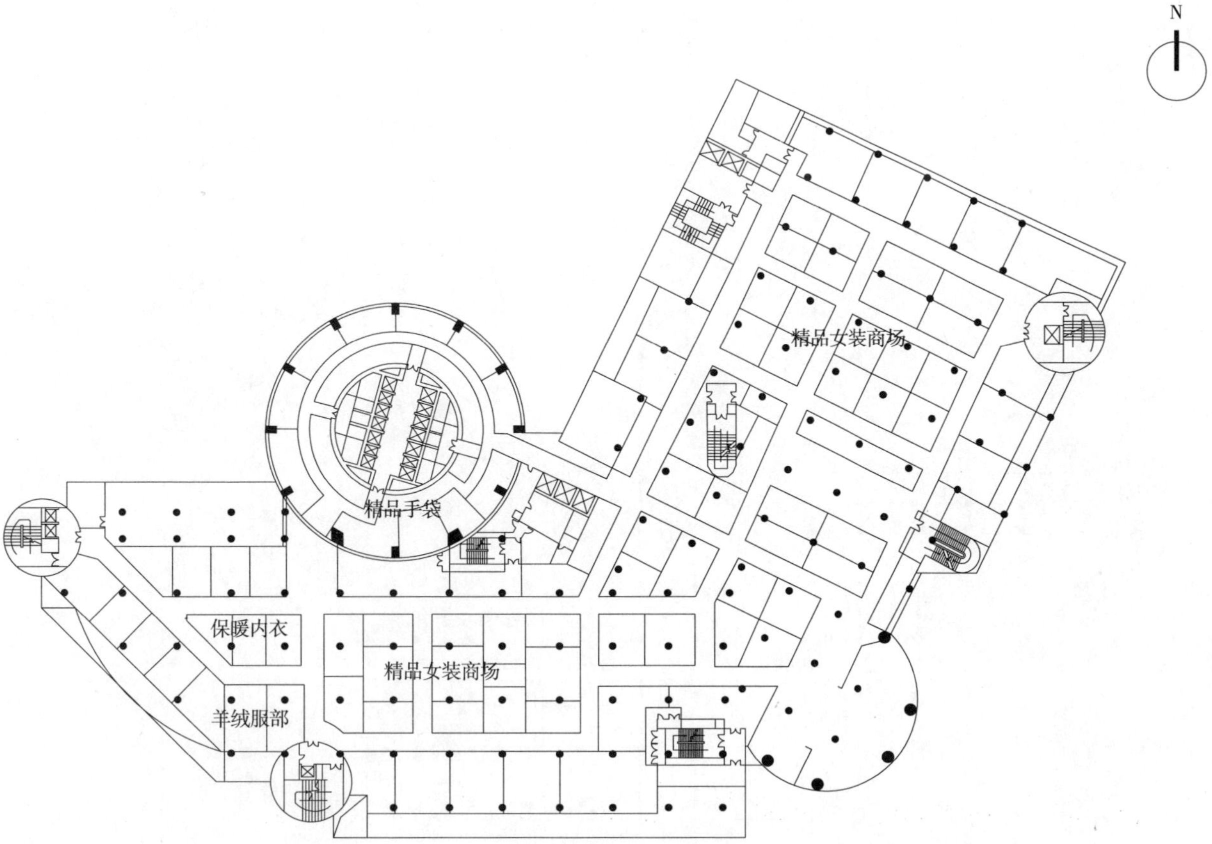

卖场三层平面布置设计图

图 4-59　南京新街口百货商店建筑卖场二层平面及三层平面布置设计图

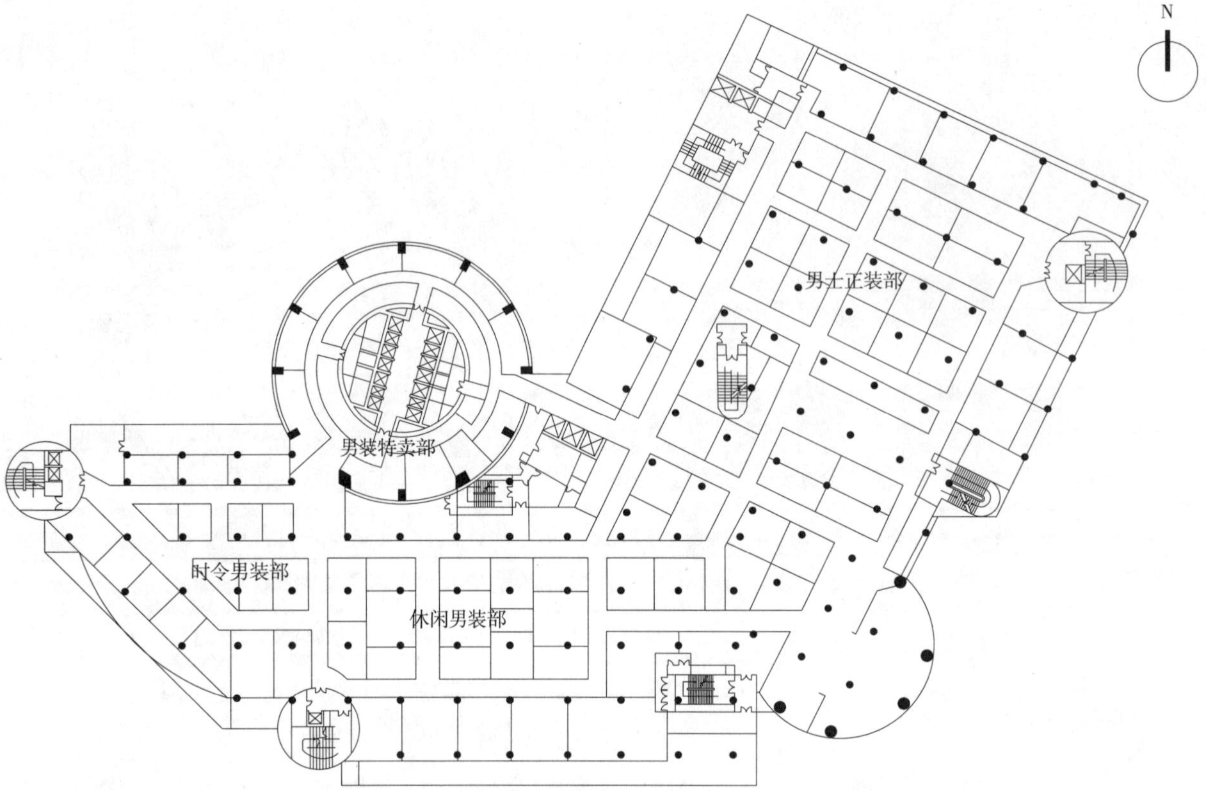

卖场四层平面布置设计图

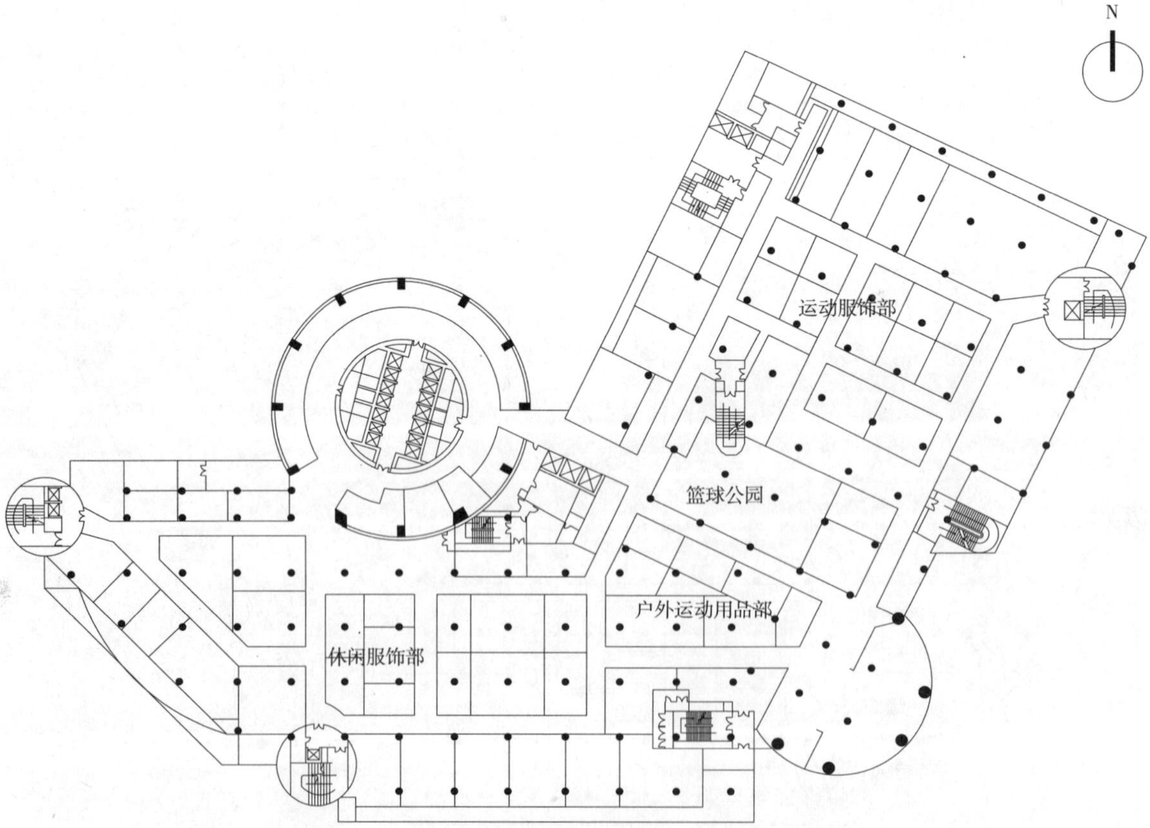

卖场五层平面布置设计图

图 4-60 南京新街口百货商店建筑卖场四层平面及五层平面布置设计图

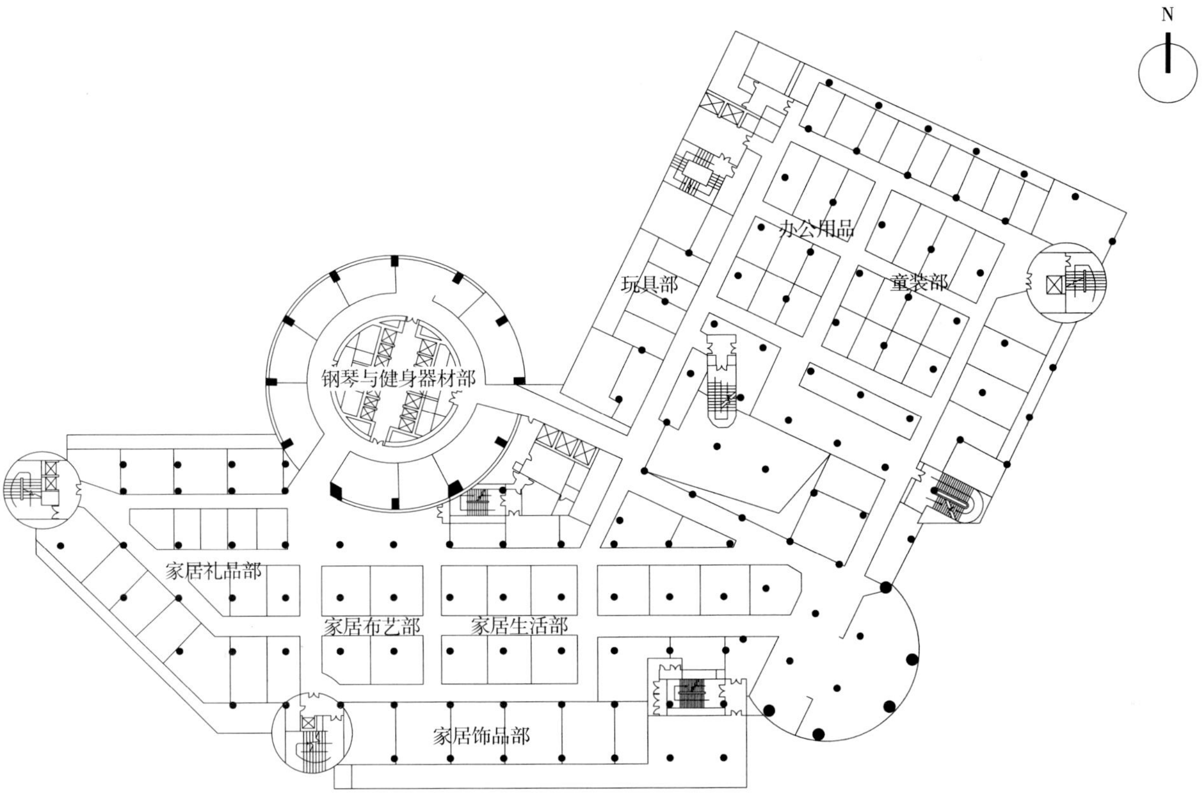

卖场六层平面布置设计图

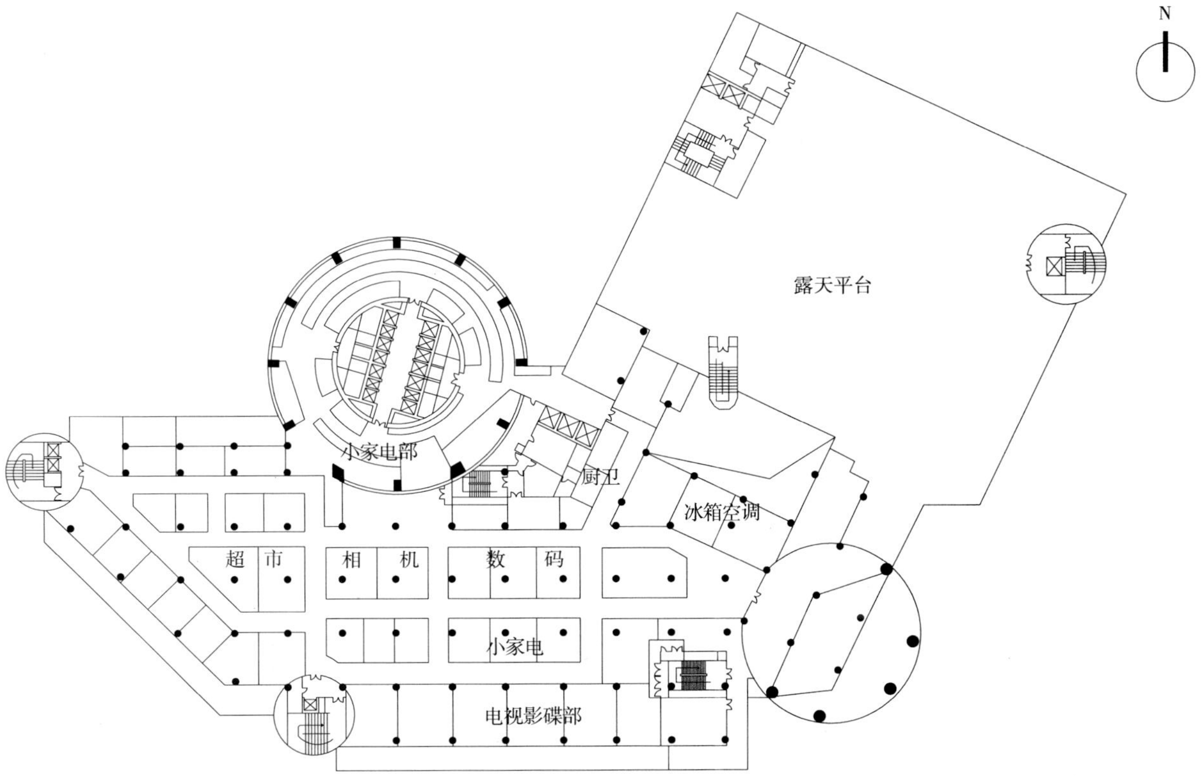

卖场七层平面布置设计图

图 4-61　南京新街口百货商店建筑卖场六层平面及七层平面布置设计图

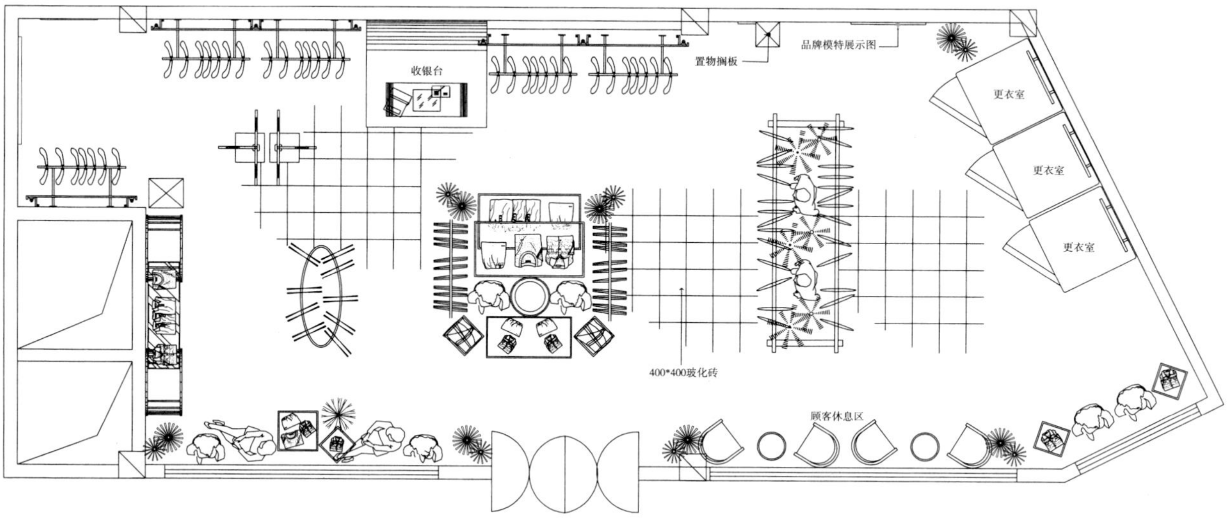

服饰专卖店平面图　1：50

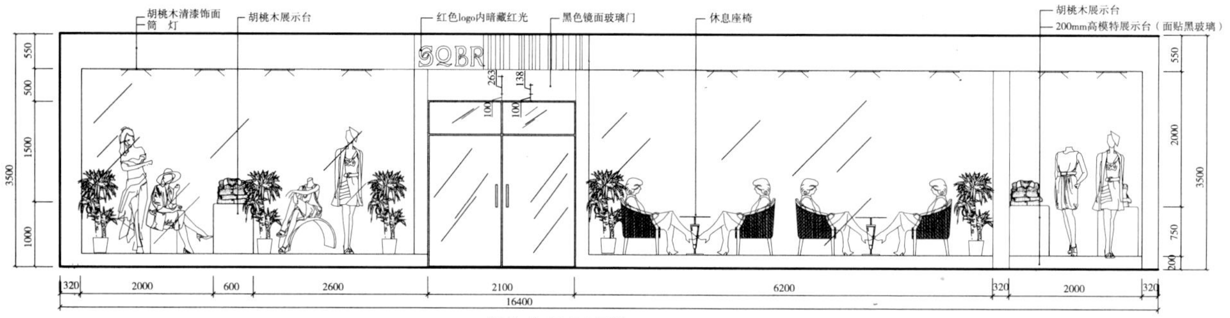

服饰专柜立面图　1：50

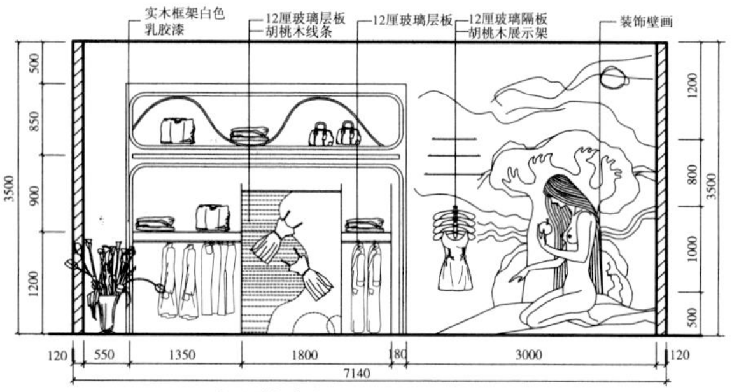

少女服饰专柜立面图　1：50

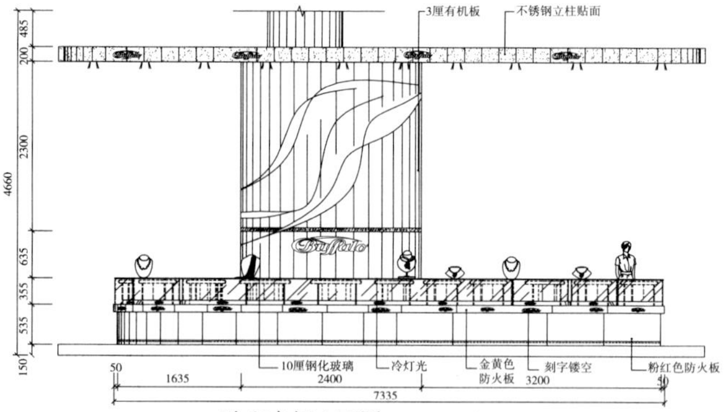

珠宝专柜立面图　1：50

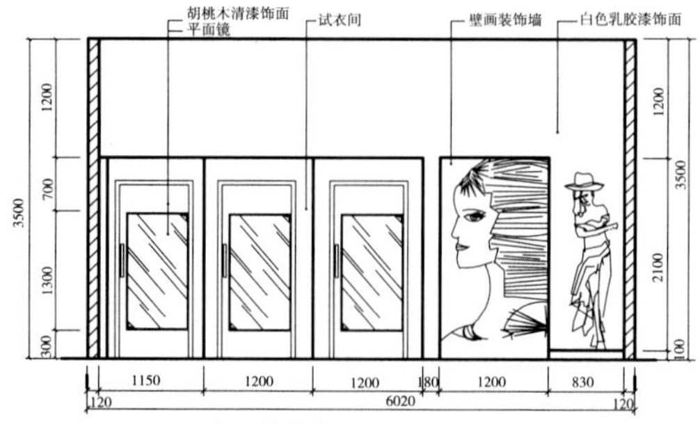

少女服饰专柜立面图　1：50

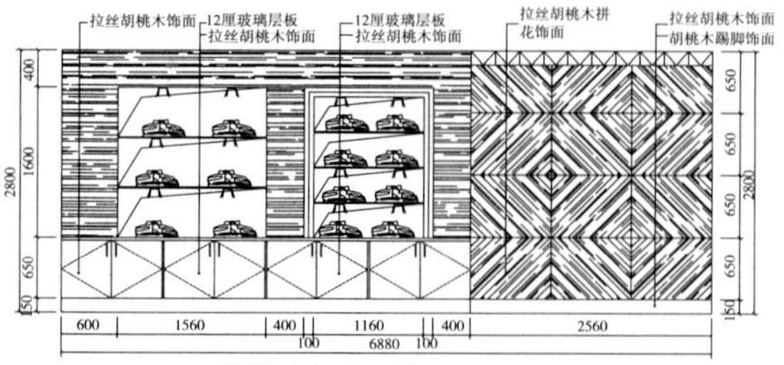

服饰专柜立面图　1：50

图 4–62　南京新街口百货商店服饰专卖店平面、剖立面及橱柜设计图

图 4-63 南京新街口百货商店建筑室内环境实景之一

图 4-63　南京新街口百货商店建筑室内环境实景之二

图 4-64　南京新街口百货商店建筑外观夜景实况鸟瞰

中心最繁华的新街口广场东南角，与金陵饭店遥遥相对，这里是南京市的CBD区，商业繁荣，人流量大，车流汇集，寸土寸金。商厦占地面积约1.3万m^2，营业面积5万m^2。总体建筑包括地下3层，地上58层的主楼和8层商业裙楼。自1952年8月创建至今，已经具有半个多世纪的历史，是一家老字号大型百货零售企业、中国十大百货商店之一。

南京新街口百货商店的建筑与室内环境设计侧重商业公共空间的布置，公共空间是整个室内营销空间的交通之骨架，它确定了人流活动的基本面貌，并由此形成了商厦室内营销空间布置基础。

南京新百的平面布置，利用垂直交通设置形成的几个圆角与主楼呼应，二楼设有一个8层高的共享空间，并在三层设有一个多层共享大厅，从而丰富了整个商业空间的形象塑造。

南京新街口百货商店以百货零售、批发经营为主，商厦拥有20个专业商场，3.83万平方米的营业面积，经营来自全国各地和海内企业的优质商品近25万种，商品花色齐全，琳琅满目。商厦地下一层为美食驿站，经营各种美食快餐；一层为时尚荟萃，经营化妆用品、金银饰品、珠宝玉器、名品钟表、精品鞋厅、滋补品、烟酒茶叶、飞利浦与松下精品小电器，并设有总服务台；二层为流行姿态，经营少女装、淑女装、芬芳蕾丝馆、帽子围巾、内衣袜子、流行饰品、精品时装、箱包皮件、女士手袋；三层为优雅丽人，经营精品职业女装、品牌女装、时尚女装、中式女装、床饰寝具、睡衣孕装、精美布艺、现场充绒；四层为风格男士，经营男士正装、休闲服装、衬衫领带、品牌内衣、品牌绒服与海澜之家；五层为活力地带，经营运动服饰、运动鞋袜、运动用品、体育用品、青春服饰、婴儿用品、儿童服饰、玩具童车与学生文具；六～七楼为精致与家庭生活，经营家用电器、影音器材、数码产品、音像制品、工艺礼品、通讯器材、办公文具、照相器材、中西乐器、健身器材与捷安特自行车专柜等。

而总高228m的商厦主楼，则采用圆形平面，外形采用圆形切割局部节节上升，形成新陈代谢的、有生长感的、有动势的建筑形象，屋顶有直升飞机停机坪，将成为南京CBD区中心的标志性超高层建筑。

综上所述，我们可知现代城市商业空间内外环境装饰装修设计的基本走向是向着多元化的方向发展。而具营销环境装饰装修设计格调的高低雅俗，不仅体现出设计师们审美情趣的变化，更加成为未来商业文化及城市文化内涵与精神品味的重要反映。可见作为市场经济大潮中的商业空间内外环境艺术设计师们肩负的责任是何等重大，愿我们在未来的城市商业空间内外环境装饰装修设计实践中能涌现出更多优秀的设计作品来。

第五章　商场室内环境课程设计

一、课程设计指示书

■ 设计课题——商场室内环境设计

商场是人们用来进行商品交换和商品流通的公共空间环境。它是城市的重要组成部分，也是展示城市商业文化、城市风貌与特色的重要场所。今天，商场的形态和意义已不再局限于一个购销商品的空间领域，它已扩展到都市人们物质与精神交流、观赏、休息、娱乐的各个生活层面，成为商业文化在都市生活中的一种综合反映。

纵观我们的商品世界，琳琅满目的商品应该有一个良好的购物环境来陈列与置放，以体现商品应有的价值，并便于人们选购。这里所说的购物环境，即指商场内外的空间环境。而在人们的日常生活中，衣食住行用玩等活动都脱离不了商业行为的范畴。今天生活在都市中的人们，不仅在生活上已无形融合于各类商业活动之中，而在行动上更是离不开各种档次商业空间的诱惑。由此可以看出，城市的消费者们，对商业环境的要求早就不满足于昨日“物质上的获得”这个层次，进而要求今天更高层次的“精神上的满足”。这也促使商业活动在整体消费环境的冲击下，向着更高的水平迈进。因此，在今天商场内外环境艺术设计工作已成为一项具有挑战性和前瞻性的设计工作，设计师在这个领域，必将有更多的机会来施展自己的设计才华。为此愿参加这个课题设计的同学们，能创造一个满足顾客购物行为和心理需要、便于商业营销活动开展及商品展示陈列、富有时代感与竞争性的商业购物空间环境来。商业环境设计在诸多设计中成为一项最具挑战性和前瞻性的课题，我们对它的探索与思考，就显得非常具有现实意义。

（一）设计内容

依据商场内外环境设计的类型，可选择综合商场、专业商店及自选市场一个楼层的范围作为课程的设计内容。

（二）设计要求

（1）根据指导教师对课程设计题目的性质、规模与特点的介绍，查阅必要的参考书籍与参观相关的工程实例，围绕设计课题收集资料；

（2）所做设计要有新颖、独特的构思立意，要求设计定位准确；

（3）能够基本了解商场内外环境设计的原则与方法，以及设计的程序，把握其空间设计的原理与手法，并能运用造型、色彩、照明、家具，陈设、绿化、传达等设计要素来创造良好的、功能合理及具有艺术性的室内空间环境来；

（4）能够把握建筑内外空间环境中人体的基本尺度与行为方式，了解与认识室内环境设计的诸多装饰材料、装修作法与安全、防火、卫生等设计规范，并运用正确的设计制图与表现方式进行设计。

（三）完成任务

（1）对所选商场内外环境空间与行为进行分析，将其结果用文字与图示表现出来；

（2）所选商场内外环境的平面空间布置设计（比例 1：100）；

（3）选择相对完整的商业营销部分作室内设计，要求完成平面、4个剖立面、顶面及外立面的设计（比例1∶30或1∶20，要求所用比例尺寸必须统一）；

（4）对商场外部空间进行环境艺术设计（比例为1∶100）；

（5）选择室内的一组商品陈列设施或货橱作详细设计（比例为1∶10）；

（6）写出所做商场内外环境设计的说明，字数为3500字（内容包括设计依据、构思创意、空间分析、界面设计与装饰风格，以及相关的技术与材料、作法等说明）；

（7）设计图样要求画出尺寸线，确定标高、标注主要装饰材料和装修作法，并画出商场内外空间环境艺术设计中主要的节点大样图；以及其内外空间环境艺术设计轴测及重点透视效果表现图。同时要求确立出建筑内外环境色彩的色标、照明配置、灯具、家具、陈设、绿化的配置及商品的展示陈设设计，确定出上述内容所需数目及样式（可以列表和用图示表现出来）。

（四）图纸规格

1号图纸，（留220mm×40mm作图标）

（五）进度安排

第一周：课题设计任务讲授，市内商场内外环境调研；第二周：原理讲授；第三周：草图构思；第四周：草图构思，课后收设计草图；第五周：草图讲评；第六周：正图绘制，设计说明撰写讲解；第七周：正图绘制；课程结束后三周周末交设计作业。

（六）教材

国家级“十一五”规划教材《商业建筑室内环境艺术设计》.辛艺峰.武汉.华中科技大学出版社.2008年4月。

（七）参考资料

（1）必读书——《商业建筑》《商业建筑设计》、《商业建筑设计规范》、《建筑设计资料集（5）》、《商店室内设计》、《商业店堂设计》、《商店橱窗、柜台的装饰和布置》、《商业传媒设计》；

（2）参考书——《室内设计原理》、《室内装饰实用手册（1）——建筑装饰设计》等设计原理与图集资料，《中国建筑装饰装修》、《室内设计与装修》、《室内设计》、《建筑学报》、《装饰》、《装饰装修天地》、《设计新潮》、《家具与生活》等设计杂志。

二、课程设计作业案例

按商场内外环境课程设计指示书的要求，这里选择指导艺术设计专业及建筑学专业本科生完成的《综合商场室内环境》课程设计（图5-1~图5-6）与《自选市场室内环境》课程设计（图5-7~图5-12）两套作业为其示范案例，以供进行相关课程的同学们借鉴和参考。

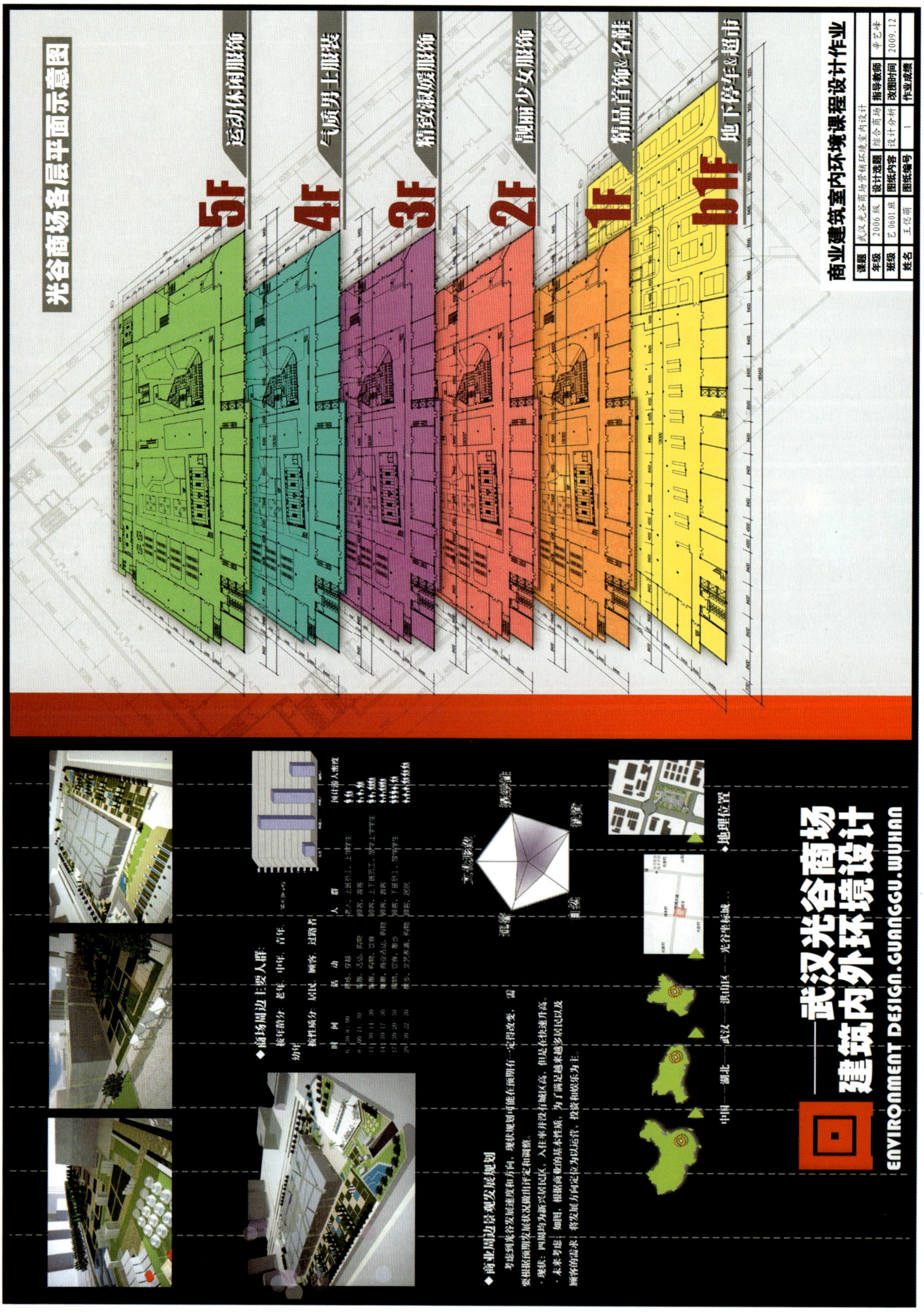

图 5-1 《综合商场室内环境》课程设计作业之一

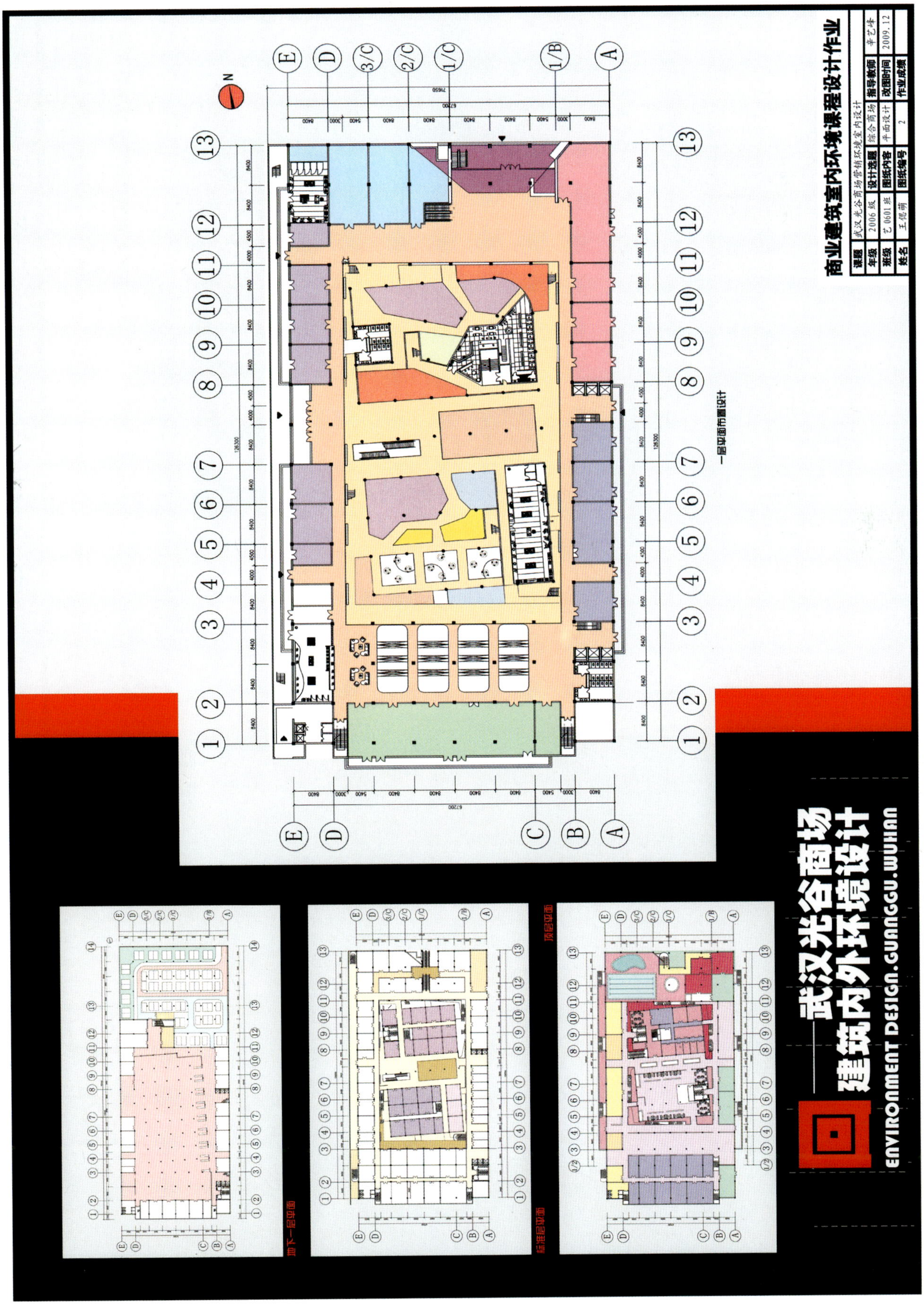

图 5-2 《综合商场室内环境》课程设计作业之二

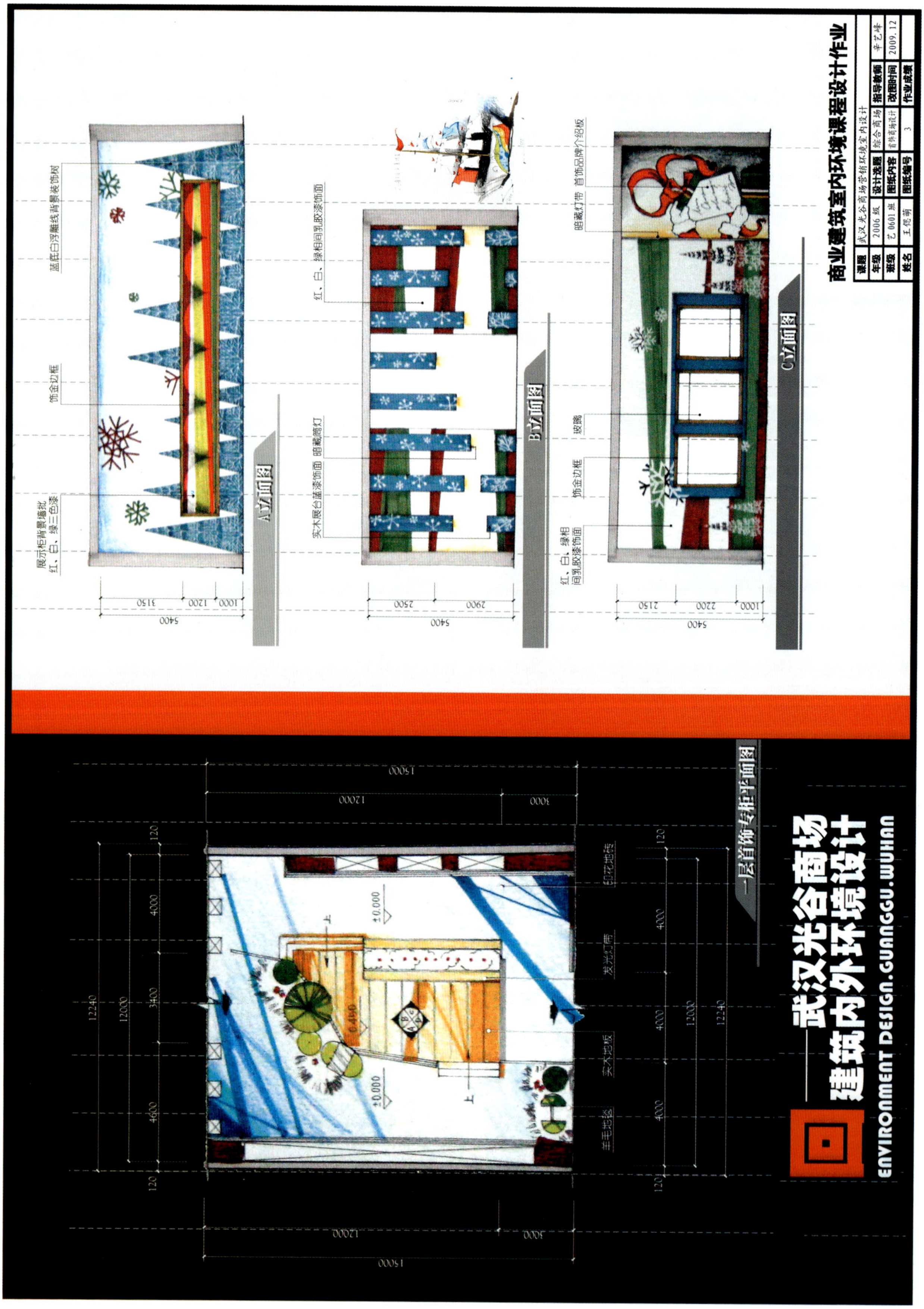

图 5-3《综合商场室内环境》课程设计作业之三

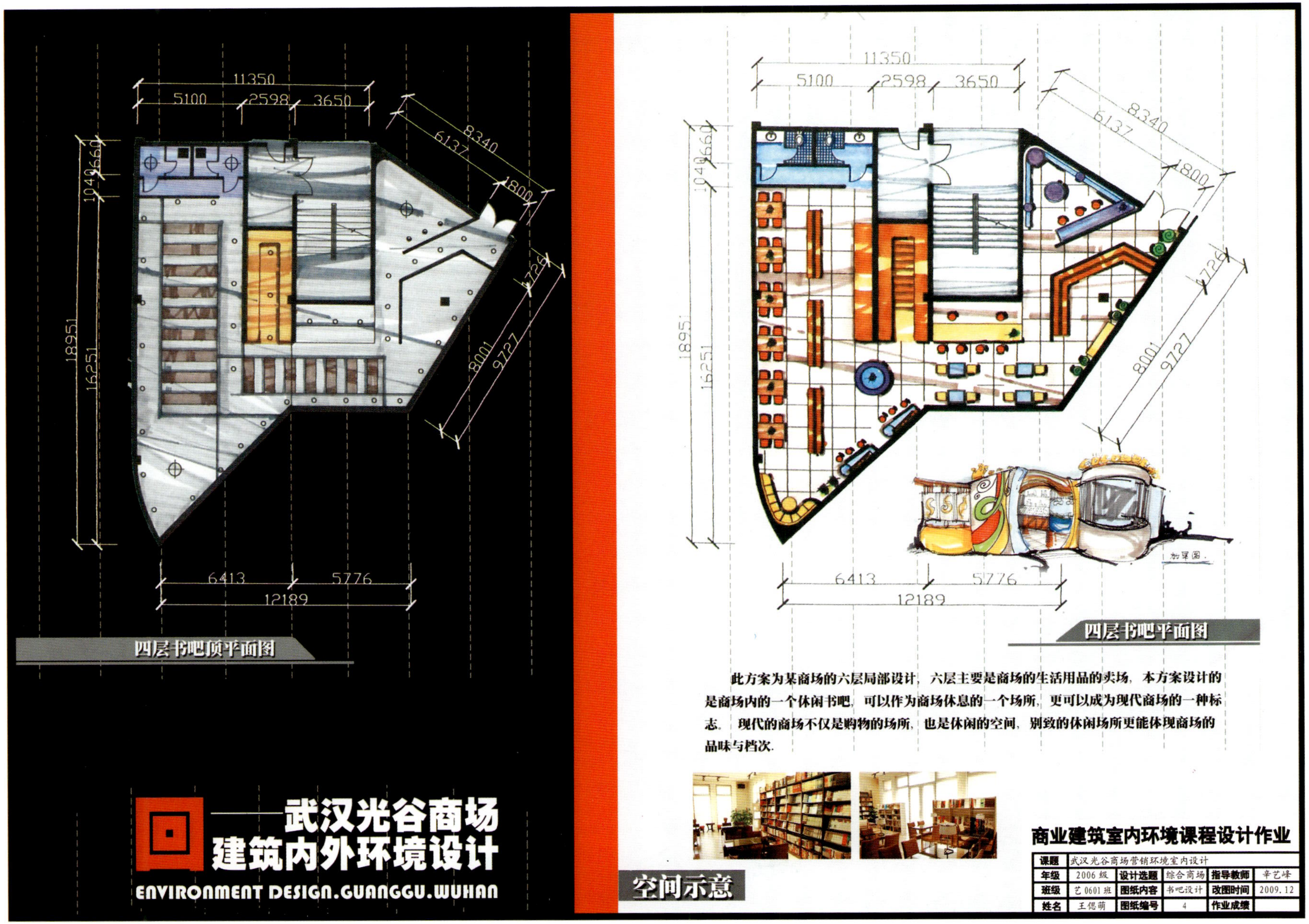

图 5-4 《综合商场室内环境》课程设计作业之四

图 5-5 《综合商场室内环境》课程设计作业之五

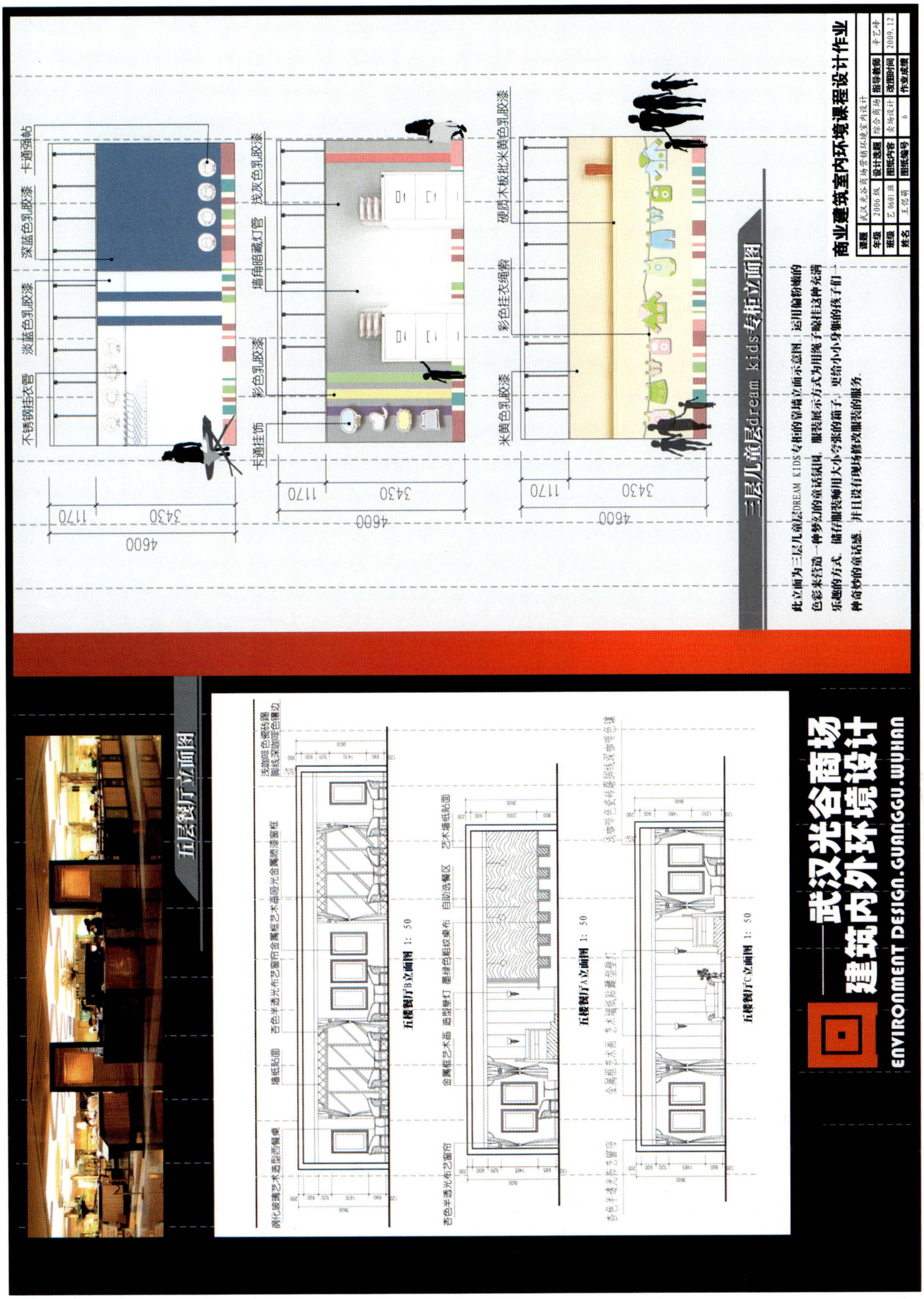

图 5-6《综合商场室内环境》课程设计作业之六

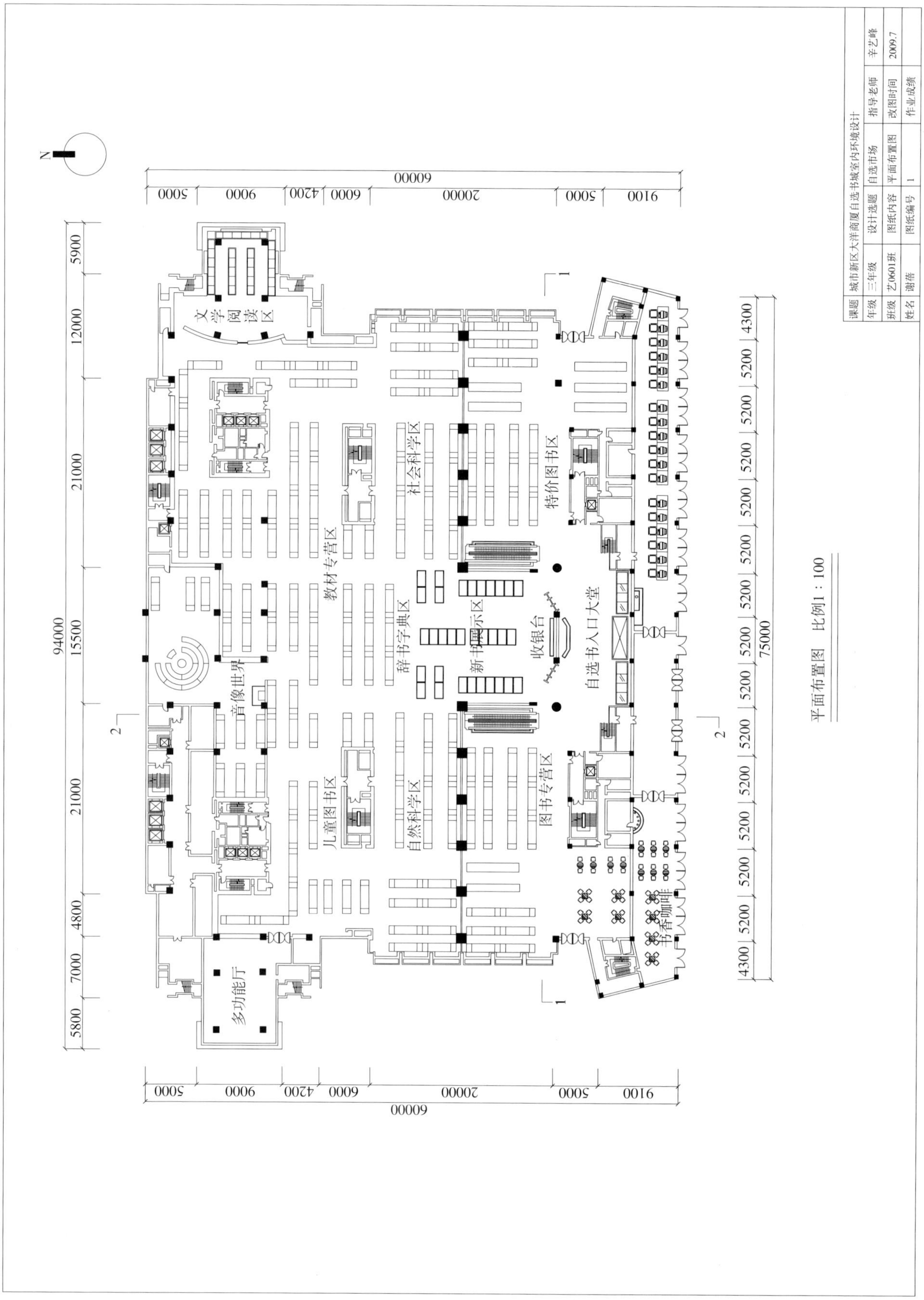

图 5-7《自选市场室内环境》课程设计作业之一

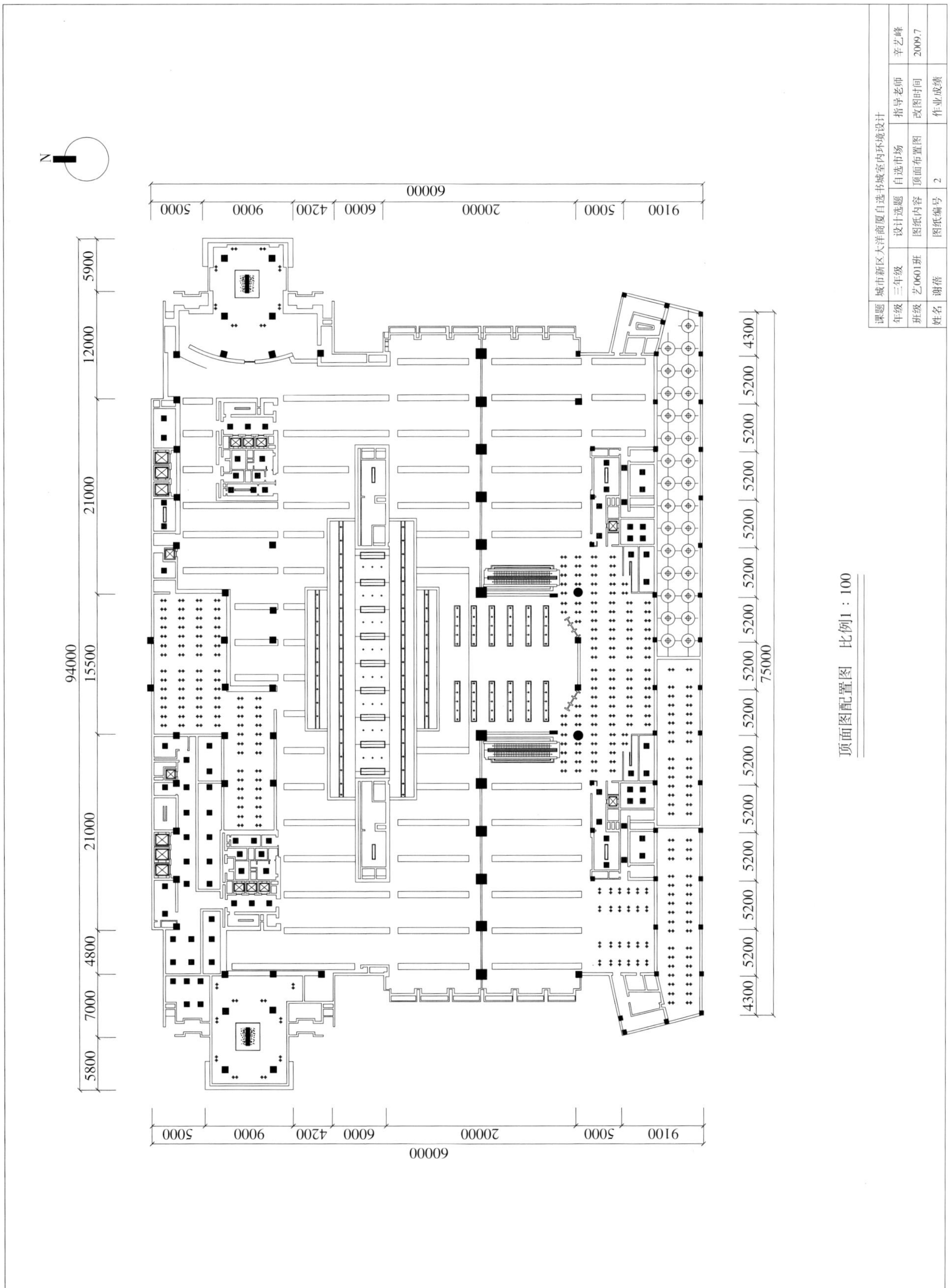

图 5-8《自选市场室内环境》课程设计作业之二

设计说明

自选书城位于城市新区大洋商厦，设计建筑面积为1万多平方米，由28个专业卖场和10多个配套功能区域构成，并设有20多个优秀出版社的专区。陈列各类图书、音像制品550多类、近20万种。作为文化空间，自选书城不仅追求属于自己的文化氛围，也追求更高的经济利益。

空间可供常年举办各种丰富多彩的书业文化活动、报告会、名人签售活动以及文化礼品、多功能厅、咖啡吧、水吧、网吧、儿童娱乐场等多种配套设施，让读者尽享优质而时尚的服务。

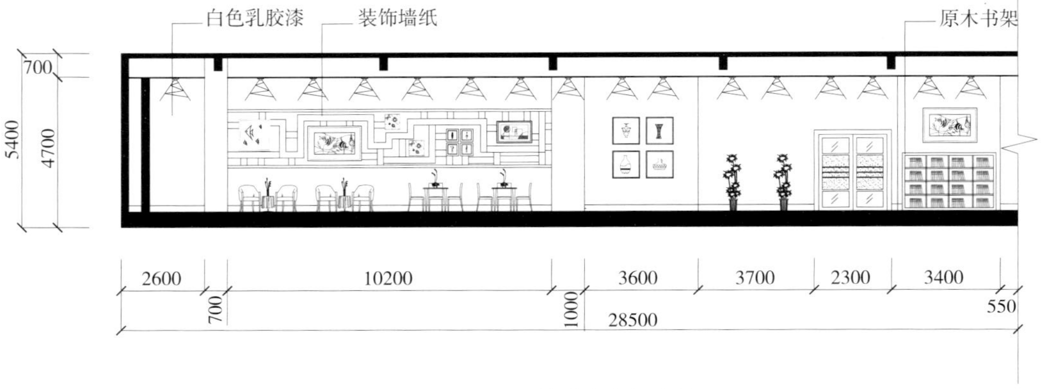

1-1剖面图西断　比例1：50

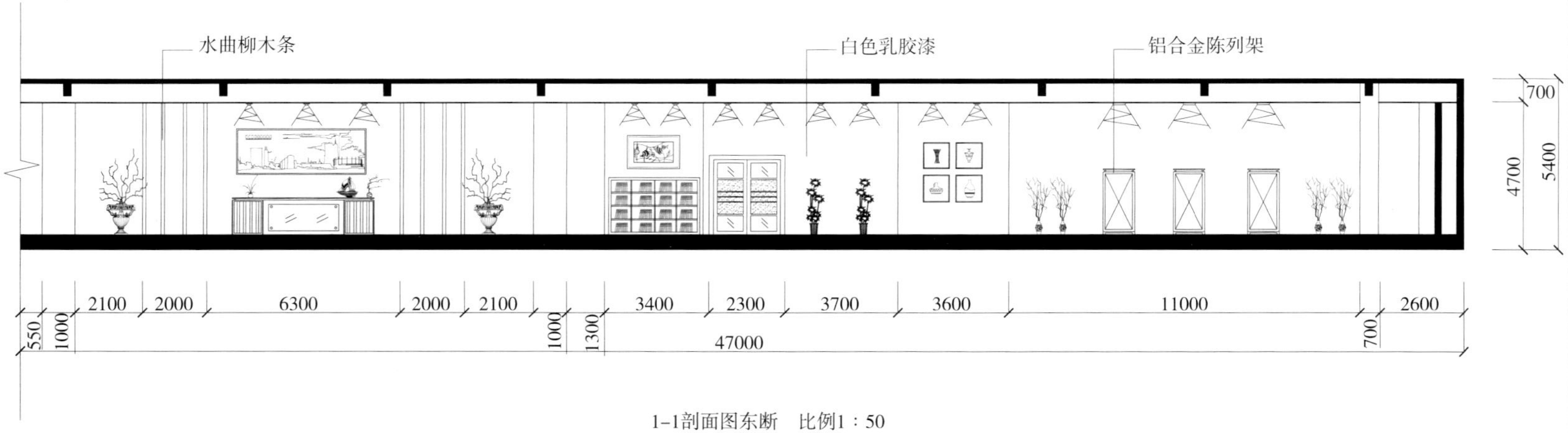

1-1剖面图东断　比例1：50

课题	城市新区大洋商厦自选书城室内环境设计				
年级	三年级	设计选题	自选市场	指导老师	辛艺峰
班级	艺0601班	图纸内容	2-2剖面图	改图时间	2009.7
姓名	谢蓓	图纸编号	4	作业成绩	

图 5-9 《自选市场室内环境》课程设计作业之三

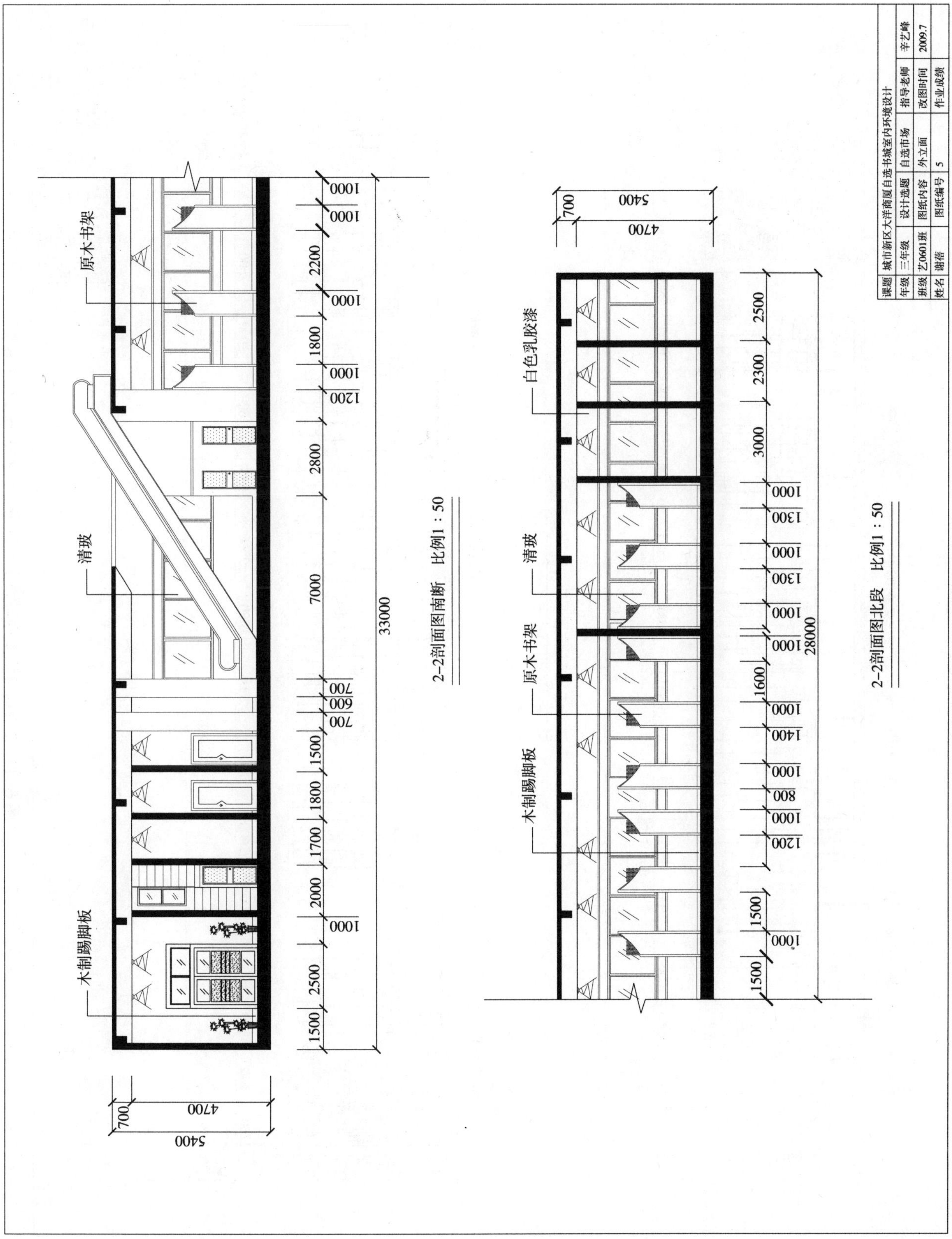

图 5-10 《自选市场室内环境》课程设计作业之四

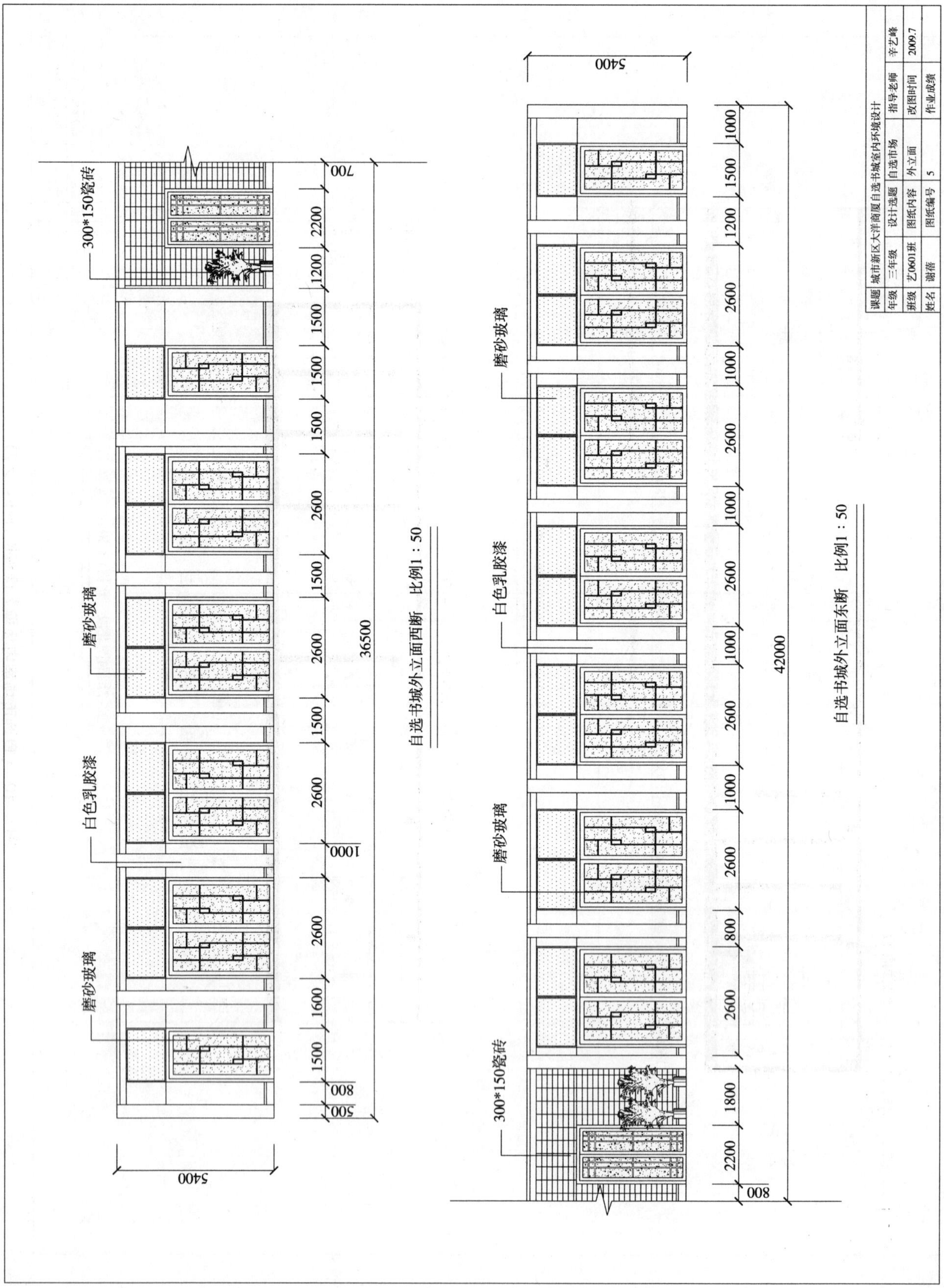

图 5-11 《自选市场室内环境》课程设计作业之五

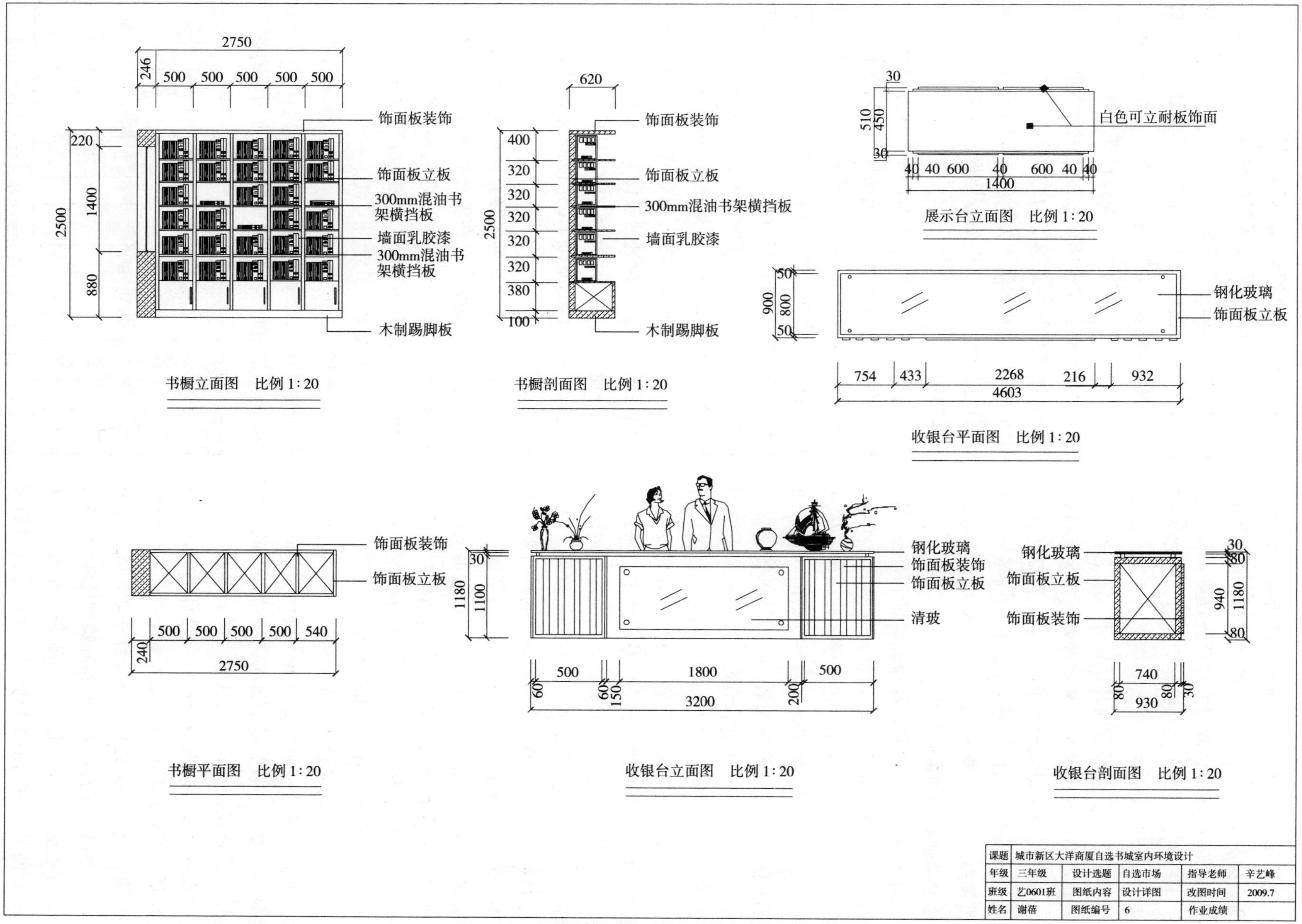

图5-12 《自选市场室内环境》课程设计作业之六

三、设计作业成果评价

我们知道：商场室内环境是经营商品买卖的场所，如何创造出商业空间的美好形象，从而达到为商场室内环境创造巨大的经济效益并在社会上产生影响，吸引市民和顾客的注意力，激发顾客消费欲望并在商店产生购买商品的意图，进而付诸实施，这是商场室内环境设计的最重要的目的，商场室内环境的装饰和布置就是其为实现这个目标的极为关键和有效手段。它能为商场室内环境创造具有魅力的美好形象，帮助商场室内环境推销商品，提高商场室内环境工作人员的效率，显著地增强商场的企业竞争力。

商场室内环境的装饰和布置牵涉到许多领域的知识，包括商品学、心理学、生理学、美学、建筑学、广告学、光学、电子学、计算机、建筑装饰、商品陈列、推销等等各种学科的知识。随着商业兴旺发达和科技发展，这门学科将变得更为重要。商场室内环境的装饰和布置是一项既艰巨困难，又需要极大财力和物力的工作，设计时既需要周密考虑和巧妙运筹，也需要有高度创造性，设计时决不能掉以轻心，草率从事，否则会造成很大的经济损失和其他恶果。商场室内环境的装饰和布置，很重要的一点是偏重效果，即产生经济效益。目前国内许多商业空间，特别是大多数中小型商业空间和个体商摊不具备进行豪华的装饰和布置的经济实力和条件，这就需要少花钱多办事，或者把钱用得最经济最有效。只要在装饰设计时，能够根据商业空间具体情况，进行别具匠心的构思，就能取得理想效果。

作为环境艺术设计专业高年级学生学习的一门专业核心课程，进行商场室内设计学习的一个重要的出发点，就是要突破了传统意义上的室内设计、景观设计和建筑设计等之间的界限，从整体上把握商业环境的空间体验和持续发展，进而能够最直接最鲜明地体现出商业空间装饰的作用和效果，就是学会运用各种设计手段，既为市民和顾客提供一个称心如意的良好购物场地和环境，更为商业空间之中工作人员特别是营业人员提供舒适方便的售货场地和环境。为此，进行商场室内环境设计在诸多设计中已成为一项最具挑战性和前瞻性的设计任务课题，我们对它的探索与思考，也就显得具有现实意义和应用价值。

而对专业设计作业成果的评价，它既是设计课程体系建设的重要组成部分，也是实现课程目标、进行专业设计人才培养模式的保证。如何贯彻实施教学理念，实现教育引导，直至进行专业质量监控，考查学生在专业设计课程学习中的最终成果，把专业设计课程学习的注意力集中在学生对问题的理解和逻辑能力的培养上，强调学生对诸多设计问题的逻辑分圻能力，以及对学生设计思维方法的培养，则是专业设计课程教学最为本质的东西。

为此，通过对环境艺术设计专业方向核心课程教学内容的系统整合、全面优化，结合具体教学实践方面的探索，建构出环境艺术设计专业课程具有模块化的框架结构（图 5-13），并在取得良好教学效果的基础上在整个人才培养教学系统中逐渐推广。同时结合环境艺术设计专业的发展与用人单位的实际需要，理顺课程之间的衔接关系，根据学生专业设计学习入门后的教学规律，制定出模块统一、循序渐进的授课方案，以及由浅至深的专业设计学习课程指示书，从而在保持艺术设计教学灵活性的基础上，加强艺术设计教学规律性的体现。

此外，在教学改革内容方面注重课堂教学与社会实践的有机结合，在设计教学中有针对性地选择较为典型的社会实践课题内容，组织学生真题假做或真题真做，使专业课程设计在教学内容上呈现出极大的吸引力。

在课程教学方式上注重系统性与渗透性教学，单向性与互动式教学并重，既强调设计教学中教师循序渐进地对学生传授知识，注重知识的关联。

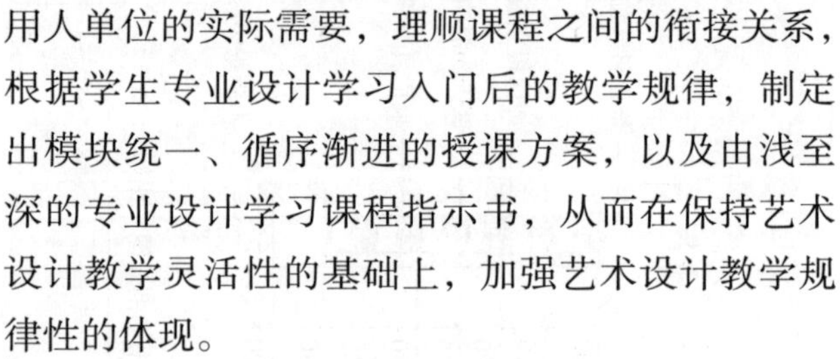

图 5-13　华中科技大学环境艺术设计专业办课程模块化框架结构图

又强调设计教学中跨越式地让学生获得知识，注重非均衡地扩展学生知识的深度和广度的讲授；同时，在有效加快学生知识增长的单向性教学基础上，通过学生自行组织课程设计小组的方式来展开互动式教学（如课题资料调查、相关项目参观、设计方案评析等），最大限度地发挥学生的积极性，以助于学生综合能力的提高。

（一）《建筑室内环境设计》系列课程设计作业评分指标

在教学质量评估中，建立一个利于艺术设计专业学生个性发展、又有规律可循的课程教学改革评价系统是十分必要的，为此建立环境艺术设计系列课程具有模块化的框架结构，建构便于系列课程教学改革质量评估标准，可利于环境艺术设计人才创新培养模式的推行及课程教学改革评价系统的建立。

《建筑室内环境设计》课程设计作业评分指标

序号	评分标准	所占比例	评　分	备　注
1	设计构思	15%		
2	空间布置	20%		
3	界面处理	10%		
4	具体设计	20%		
5	效果表现	10%		
6	材料技术	10%		
7	设计说明	10%		
8	尺寸、标高、材料、作法与绿化植物的标注及色标、灯具的确立	5%		
	合 计	100%		

（二）《建筑室内环境设计》系列课程设计作业评分比例

依据学校教务处的统一规定，结合艺术设计专业的特点，《建筑室内环境设计》系列课程设计作业评分比例采用课程设计阶段成绩与期末快题设计考试成绩各占50%的做法。其中：课程设计阶段成绩按草图成绩占20%，课堂纪律占10%，课程设计作业占70%的比例进行评分。

（三）《建筑室内环境设计》系列课程设计教学过程中的课堂管理方式

在课堂管理方面注重体现教学的严格与宽松、科学性与艺术性的有机融合，其中严格管理是学生课堂教学质量保证的基础，宽松管理则利于学生个性的张扬，尤其是便于环境艺术设计专业拔尖人才的脱颖而出。此外，环境艺术设计教学也需加强对其教学质量评价的科学性，并对课程设计中具有规律性的授课框架结构作出规范的要求。在此基础上，才有可能做到有的放矢，直至展现出教学的艺术个性与特色。

附　录

一、商场设计照明标准（节选）

商场的照度标准与国民经济发展水平密切相关，目前根据我国《建筑照明设计标准 GB 50034—2004》规定，商场内的普通照明的照度至少应达到 75lx 以上，这一标准与过去相比已得到较大幅度的提高，但与西方发达国家相比，仍有一定距离见（附表 1）。

商店建筑内照明的照度标准　　　附表 1

类　别	参考平面及照度		照度标准值（lx）		
			低	中	高
一般商店营业厅	一般区域	0.75m 水平面	75	100	150
	柜　台	柜台面上	100	150	200
	货　架	1.5m 垂直面	100	150	200
	陈列柜，橱窗	货物所处平面	200	300	500

在中华人民共和国建设部与商业部 1989 年 4 月 1 日颁发的《商场设计规范 JGJ48—88（试行）》第五章第三节中，虽然对商店建筑的照明设计提出了达到显示商品特点、吸引顾客和美化室内环境等目的要求，但在商店建筑室内空间的照明设计中，以下照明标准对保证使消费者看清商品，并满足消费者在生理和心理上的舒适度是有其参考和应用价值的。此外，足够的照度还可使商业营销场所显得宽敞明亮，从而能够提高营销卖场环境质量。只是不同的商品，不同的功能空间对照度的要求有所不同，诸如一般小件精致的商品照度值要求较高，大件商品的照度值可略有降低，对于服装陈列空间，照度则要求较高以便于充分展示服装的色彩、材质和款式。进深大的营业厅堂应加强厅内深处的照度以吸引消费者。若厅内平均照度为 L，则商店营业部分照度大致分配比例为：

店面照度 1.5~2L；橱窗 ≈ 2~4L；深处陈列橱 2~3L；柜台 ≈ 2~4L；重点商品、重点陈列照度 ≈ 3~5L；一般陈列架、陈列台照度 ≈ 1.5~2L。

而商业营销空间室内照明的方式主要包括一般照明、局部照明和装饰照明等三种（附图 1）。

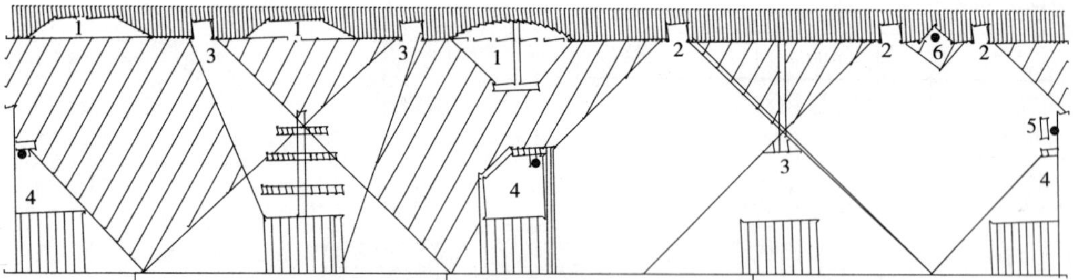

照明种类	基本照明	重点照明	装饰照明
功　能	保持室内基本照度，满足顾客购物行为的需求，形成室内环境的基本气氛	提高商品四周的亮度，增强对商品特征的表现	对室内环境或特定主题物表现装饰效果，表现商品趣味和个性，具有诱导性
照明方式	1——日光灯间接照明 2——白炽灯直接照明	3——投射灯直接照明 4——内藏式直接照明	5——彩灯间接照明 6——彩灯直接照明
灯具及处理方式	日光灯——附盖板、露明 白炽灯——吸顶、嵌入	投光灯——固定、移动 吊　灯——可调亮度 鱼眼灯——可调方向	霓虹灯、流星灯、柱灯彩虹灯、壁灯（向上照、向下照）

附图 1　商业营销空间室内照明的方式

根据营销空间室内照度的要求，确定国内一般推荐照度值。以下定出的商场室内空间的照明标准，如国内一般推荐照度值（附表2），国外照度参考值（附表3）及商品的局部照度标准（附表4），均在商场室内空间的照度选择上是具有借鉴与参考价值的。

国内一般推荐照度值　　　　附表2

商 店 场 所	推荐照度（lx）
综合自选商场、超级市场的营业厅	500~750
综合商店的营业厅及选购用房	300~500
综合商店的门厅；广播室、美工室、试衣间	75~150
值班室、换班室、一般工作室	30~75
一般商品库及主要的楼梯间、走道、卫生间	20~50
内部使用的楼梯间、走道、卫生间、更衣室	10~20

国外照度参考值　　　　附表3

照度（lx）	商店场所	百货商店
3000		
2000 1500	最重要的陈列点	展示橱窗；戏剧性、重点陈列
1000		服务台、店内陈列
750	重点陈列部、收款台包装台、自动扶梯口	重点楼层、专卖单元咨询性专柜
500	电梯间、自动扶梯	一般楼层基本照明
	一般陈列、洽谈室	高楼层基本照明
300	接待室	
200	洗手间、厕所、楼梯、走廊	
150		
100 75	休息区、室内总体照明	

商品的局部照度标准　　　　附表4

照度（lx）	场 所
1000	新鲜蔬菜、新鲜肉制品、食品、礼品
700	男士服装，深色服装，毛料制品， 日常生活用品，玩具，书籍，文具，化妆品，餐具，家用电器，艺术品，雨具
500	女士服装，浅色服装，内衣，丝绒布料，鞋类，家具，床上用品，室内用织物，交通工具，五金交电

二、防火安全（节选）

（一）防火措施

在《商场设计规范 JGJ48—88（试行）》第四章第一节中，虽然对商店建筑的防火与疏散等安全防护方面提出了严格的设计规范方面的要求，但在商店建筑室内空间的防火安全方面，具体的室内设计实践中还需严格遵守《建筑设计防火规范 GBJ 16—87（2001 年版）》、《高层民用建筑设计防火规范 GB 50045—95（2005 年版）》与《建筑内部装修设计防火规范 GB 50222—95（2001 年修订版）》等防火规范，以做好商场室内空间设计方面的防火安全工作，完善探测与灭火系统。

而在商场室内空间设计方面采取的防火措施，主要包括完善探测灭火系统、搞好防火防烟分隔、建立安全用电制度、实行统一防火管理与进行火灾安全检查等方面的内容。它们具体为：

1. 完善探测灭火系统

在商场室内营销环境中，目前的大多数普通型火灾探测系统和自动喷水灭火系统是适合其环境使用的。不少火灾案例表明，在商场室内营销环境内只要按规定安装了有关上述设施，且保证工作正常，人们基本能够及时发现火情，并控制住初期火灾。实际情况是不少商场不够重视这些系统的作用，有的以各种理由拖着不装，有的虽然安装了却迟迟没有开通，有的通过安装验收后便经常关闭不用。应当承认，现在有些产品还存在一些质量问题，如常发生误报等问题，为正常管理带来许多不便。同时，随着技术的进步，产品的性能质量正不断取得较大改进。例如近年开发的模拟式火灾探测系统在减少误报方面已有很大提高，而图像式监测系统在早期发现火灾与确认大空间建筑火灾方面作用尤为显著。

2. 搞好防火防烟分隔

合理的防火分区是防止商场室内营销环境中火灾蔓延的重要一环，其分区面积应从严控制。尤其是自动扶梯口、各楼层与中庭的连接口等部位应当重点防范。这些地方平时供人员正常通行，紧急情况下又难以迅速分隔，是防火分隔的薄弱环节，应安装防火卷帘等分隔措施（附图2）。对于餐饮、机电维修等经常动用明火的区域应单独分区，并采取专门的防火防爆措施，以便在该区发生火情时不会影响商场的其他部分。不少商场室内环境是由老建筑改造而成的，还有一些商场室内营销环境为了提高档次而经常进行改修。这种施工形式改变了原有建筑的使用功能，造成防火分区受到破坏。为此对商场室内营销环境的改建工程应加强论证，以维护商场室内环境的防火区域划分。

3. 严格安全用电管理

据资料统计表明，多数商场室内营销环境中火灾的发生是由于营业区域电气故障引发的。有的是照明灯具长期使用、或带故障运行、或靠易燃物过近引起的。有的是其他用电方式不当造成的，诸如电热器过热、开关未关、违章乱拉乱放电线、电线老化等。在商场这种特殊环境下，用电、用火方面临时对付和凑合往往招致难以控制的后果。

4. 实行统一防火管理

很多商场室内营销环境的经营方式是灵活多样的，每个柜台各负其责，有些柜台还可能租给一些人独立经营。但在火灾安全方面必须实行统一的规划。对于商品柜台的分布、位置、密度等应作出总体安排，使易燃品多的柜台适当远离起火因素多的部位，使那些燃烧时发烟量大的化工和塑胶制品柜台靠近窗口或排烟口放置。对于疏散通道应保证有足够的宽度，且分布合理，不能形成袋状死角。消火栓的控制面积应能够有效覆盖整个商场室内环境的各个部位。

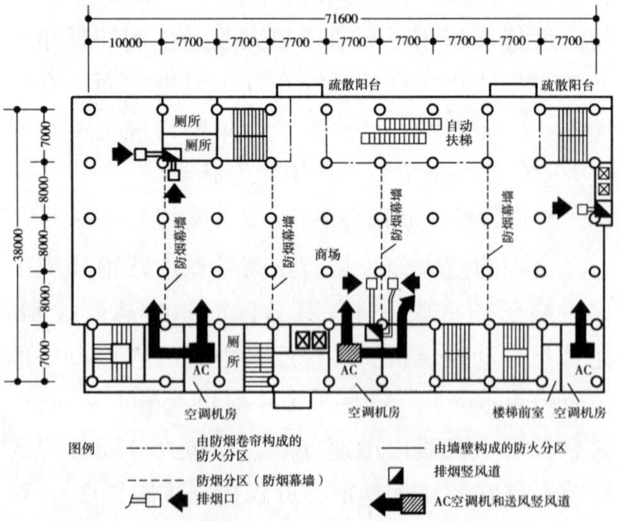

附图 2　商业营销空间室内环境的防火分区布置

5. 进行火灾安全分析

商场室内营销环境的起火因素繁多，涉及到人和物的多个方面，因此在火灾安全管理方面应当注意引入新思想和新模式。在化工、航空等工业部门优先发展的安全分析方法均可借鉴，例如事故树、事件树分析、火灾危险度分析法等。火灾发展过程的计算机模拟法也有助于加深对火灾规律的认识。认识的提高势必提高火灾防治的科学性和针对性。火灾安全管理是一种长期任务，不可指望抓一下就完事了，应贯穿在商场经营活动的全过程，需要不断根据情况的变化及时做出分析和调整。

（二）防火设计要点

商场营销环境内部装修设计的防火应遵循以下原则，即：

1. 基本原则

（1）对重要的建筑比一般的建筑要求严，对地下建筑比地上建筑要求严；对 100m 以上的建筑，比一般高层建筑要求严。

（2）对建筑物防火的重要部位，如公共活动区、楼梯、走廊、危险物多的区域等。其要求比一般建筑部位要严。

（3）对顶棚的要求严于墙面，对墙面的要求严于地面。对悬挂物（如窗帘、幕布等）的要求严于粘贴的基材上的物件（墙纸、墙布等）。

（4）建筑物的防火安全性是由各有关专业和相应的设备共同保证的，装饰选材只是安全系统中的一环。从整体安全角度出发，选择装饰材料必须综合考虑其他防火系统介入所带来的影响。因此，对一部分附加了其他消防设备的建筑物，其内装修的防火等级可适当降低。

2. 设计要点

从总的情况看，作为商场营销环境内部装饰设计和选材在防火方面应注意以下设计要点，即：

（1）在商场营销环境室内装饰设计中，要求耐火程度高低的顺序应依次是：顶棚、墙、室内家具、地面铺设材料；

（2）在用于人员撤离和避难部位的装修材料，最好是不燃或难燃的，并且发烟量要小；

（3）在较大的营销环境空间中，应考虑采用经过阻燃处理的窗帘、幕布、座套等；

（4）当隔音、隔热或其他绝缘材料直接与空气接触时，这些绝缘材料应当是难燃的；

（5）为了考虑装饰效果而必须较大面积使用可燃材料时，一定要设置自动灭火系统；

（6）应禁止在通道上设置一些横挂的挂毯、幕布、门帘等；

（7）对内装修材料和设施，应建立经常性的检查制度，以便可以对那些防火性能已失效的材料及时进行更换。

3. 消防设施设置

由于商业室内建筑营销环境规模大、标准高、可燃物品多、人员密集、用电设备多、用电量大，对防火安全提出了更高的要求。因此除了对商场室内营销环境进行防火设计外，还必须贯彻“预防为主，防消结合”的方针，采取各种有效的、先进的自动消防设施，以实现及早发现火情、扑灭初期火灾、控制火势与扑救火灾达到自动化的消防发展要求。而通常自动消防设施可简单归纳为四部分的内容，即：

（1）自动报警系统

包括火灾探测器、报警控制器、声光警报装置、火灾应急广播、消防专用电话等。

（2）减灾防护系统

①防火分隔及防排烟设备，如电动防火卷帘门、电动防火门、电动防女阀、电动排烟防火阀、正压送风机和排烟风机等。

②安全疏散设备，如消防电梯、应急照明和疏散指示标志。

③应急控制装置，如电梯强迫归底设备、切断非消防用电设备。

（3）灭火执行系统

包括电动喷水灭火系统、气体灭火系统、消火栓灭火系统等。

（4）档案管理系统

包括微处理机 CPU、模拟显示盘、屏幕图文显示、打印机及存储器。

在进行自动消防设施设计时，各个工种的设计人员之间应密切配合，并提供建筑的耐火等级、内部结构、防火分区、疏散走道和楼梯间布局情况，各房间和部位的使用性质和火灾危险性，储存物品的燃烧性能、火灾初期阶段可能出现的情况，明确火灾参数的主要方面（烟、温度、光），结合防火技术规范确定需要设置的消防设施种类及设置部位。

除此之外，消防专家介绍人们如果在商场营销环境不慎遇到火灾，还可从如图所示几个方面进行逃生自救（附图3）。

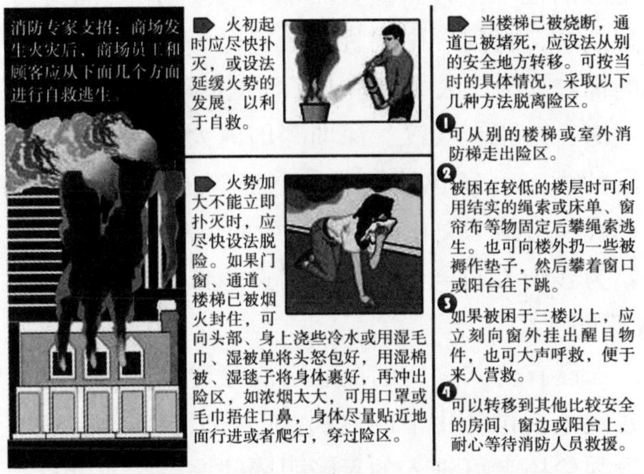

附图 3　人们在商业营销空间环境不慎遇到火灾逃生自救的方法

三、无障碍设计规范（节选）

（一）无障碍设计规范

在国家现有的《城市道路和建筑物无障碍设计规范 JGJ 50—2001》中，关于商场室内空间的无障碍设计，在第五章第一节公共建筑中作出了如下规定，即：

商业与服务建筑业务范围广泛，类别繁多，是接待广大公众包括残疾人在内的场所，因此不论何种行业、所在地区和规模大小，在入口、营业厅、餐饮及服务用房，首先应为行动不便者提供通行、购物和使用设施的便利。这不仅创建了一个好的购物与休闲的无障碍环境，同时还能吸引顾客为商家扩大盈利。

商业与服务行业虽有大小不同的规模，为了顾客方便、安全进出，应设置没有台阶和没有坡道的无障碍入口。在入口上方设置雨罩，能缓解雨雪天气在入口处顾客滞留从而影响其他人通行的现象。北京西单购物中心入口是北京市在商场中修建的首座无障碍入口，各入口上方设计成走廊，起到了雨罩的作用，在使用功能上达到了预期的效果。

有楼层的中型规模的商场建筑，应为残疾人、老年人提供无障碍电梯，当只设有人、货两用电梯时，应明确为残疾人、老年人提供使用，在电梯位置上要考虑在通行上的便利。北京原西单商场进行装修改建时，除增建自动扶梯外，同时在入口门厅设置了一座无障碍电梯，残疾人感到购物时同他人一样方便。北京国华商场是一座中小型商场，将门厅中的货运电梯标有为残疾人服务的标志，给广大顾客留下了深刻的印象。在北京、上海、广州、武汉、深圳等国内大城市中，有楼层的大型商场建筑，基本上配备了无障碍电梯。如武汉市图书文化商城卖场中的无障碍坡道设计，就为残疾人与老年人的图书选购带来极大的便利（附图 4）。

设有公共厕所的商业与服务建筑，为乘轮椅残疾人提供使用上的便利，已有诸多实例，有的设乘轮椅者可进入的无障碍隔间厕位，或设置独立式可公用的无障碍厕所。北京西单文化广场的华南大厦及长安街的恒基中心，在不同层数中设置了无障碍厕所，不仅使残疾人可就近使用，也方便了其他人使用。

（二）无障碍设计要点

而对于商场室内空间设计而言，无障碍设计也是一个重要的内容，其设计要点有以下几点：

（1）出入口有高差处应设供轮椅通行的坡道和残疾人通行的指示标志，厅内尽量避免高差；

（2）多层营业厅应设可供残疾人使用的电梯；

（3）供坐轮椅顾客购物的柜台应设在入口易见处；

（4）盲人应通过盲道引导至普通柜台，走道四周和上空应避免可能伤害顾客的悬挂物。

上述垂直交通设施的构件可作适当的装饰处理，如在自动扶梯的扶手下方顺坡连续或间歇设置线形荧光灯散花束带或草木盆栽，起着上下空间的导向作用，既醒目又有韵律。同时，可对楼梯、扶梯的下部或旁侧空间加以利用，如设置水池、雕塑、植物栽种、展示等。

附图 4　武汉市图书文化商城卖场中的无障碍坡道设计，就为残疾人与老年人的图书选购带来极大的便利

主要参考文献

[1] 顾馥保主编．商业建筑设计（第二版）[M]．北京．中国建筑工业出版社，2003.

[2] 曾坚 陈岚 陈志宏．现代商业建筑的规划与设计[M]．天津．天津大学出版社，2002.

[3] 辛艺峰．商业建筑室内环境艺术设计[M]．武汉．华中科技大学出版社，2008.

[4] 杜本然编．商业心理学[M]．北京．中国商业出版社，1984.

[5] [日]西川 创等 黎雪梅译．商业设施[M]．北京．中国建筑工业出版社，2002.

[6] 郑子礼 彭良栋．商店橱窗、柜台的装饰和布置[M]．上海．上海科学技术文献出版社，1993.

[7] 简立贤编．商业店面的设计与实务[M]．香港．与华堂文化社出版，1989.

[8]《建筑设计资料集》编写组．建筑设计资料集（5）[M]．北京．中国建筑工业出版社，1995.

[9] 中南建筑设计院主编．商业建筑设计规范[M]．北京．中国建筑工业出版社，1989.

[10] 习嘉编译．商店室内设计[M]．香港．万里书店出版，1985.

[11] Martin M. Pegler Stores of the year/7 Retail Reporting Corp，1993.

[12] 辛艺峰．建筑室内环境设计[M]．北京．机械工业出版社，2007.

[13] 辛艺峰．现代商业环境室内设计的探索[J]．室内设计，1996.4.

[14] 辛艺峰．当代商业空间环境的设计特征及发展趋势[J]．长江建设，1996.6.

[15] 辛艺峰．现代城市中小型零售商业环境装饰设计实践研究[J]．广东建筑装饰，1998. 第 2~3 两期．

[16] 辛艺峰．商业建筑内外环境设计——特征 · 内容 · 发展趋势[J]．装饰装修天地，1999.6.

[17] 辛艺峰．对城市中小型零售商业环境装饰设计的思考[J]．室内设计，2001.2.

[18] 辛艺峰．现代商业空间装饰装修设计[J]．中国建筑装饰装修，2003.10.

[19] 辛艺峰．现代商业建筑外部环境灯光照明设计探微[J]．广东建筑装饰，2006.10.

[20]《建筑学报》、《世界建筑》、《室内设计与装修》、《新建筑》近年相关文章．

部分图片引自下列书刊

[1] 曾坚 陈岚 陈志宏编著．现代商业建筑的规划设计．天津．天津大学出版社，2002.

[2] 中国现代美术分类全集编委会．中国现代美术分类全集（建筑艺术）(1)、(4)．北京．中国建筑工业出版社，1998.

[3] 香港建工国际出版有限公司、广州顶盛企业形象策划有限公司．中国顶级室内设计 I [M]．武汉．华中科技大学出版社，2008.

[4]（西班牙）克劳埃尔 欧克拉萨．最新欧洲室内设计[M]．大连．大连理工大学出版社，2005.

[5] 张伟等主编．商业建筑．北京．中国建筑工业出版社，2006.

[6] 台湾《建筑师》、《建筑学报》、《世界建筑》、《室内设计与装修》等杂志的相关图片，在此注明并致以诚挚的谢意．